Lehrstuhl für
Werkzeugmaschinen und Fertigungstechnik
der Technischen Universität München

Autonome Fertigungszellen - Gestaltung, Steuerung und integrierte Störungsbehandlung

Michael R. Koch

Vollständiger Abdruck der von der Fakultät für Maschinenwesen der Technischen Universität München zur Erlangung des akademischen Grades eines

Doktor-Ingenieurs (Dr.-Ing.)

genehmigten Dissertation.

Vorsitzender: Univ.-Prof. Dr.-Ing. Dr. h.c. J. Milberg

Prüfer der Dissertation:

1. Univ.-Prof. Dr.-Ing. G. Reinhart
2. Univ.-Prof. Dr.-Ing. Dr.-Ing. E.h. H.K. Tönshoff, Univ. Hannover

Die Dissertation wurde am 21.06.95 bei der Technischen Universität München eingereicht und durch die Fakultät für Maschinenwesen am 15.11.95 angenommen.

Herstellung: Hieronymus Buchreproduktions GmbH, München

Forschungsberichte

Band 98

Berichte aus dem
Institut für Werkzeugmaschinen
und Betriebswissenschaften
der Technischen Universität
München

Herausgeber:
Prof. Dr.-Ing. G. Reinhart
Prof. Dr.-Ing. J. Milberg

Springer-Verlag Berlin Heidelberg GmbH

Michael R. Koch

Autonome Fertigungszellen - Gestaltung, Steuerung und integrierte Störungsbehandlung

Mit 67 Abbildungen

Springer-Verlag Berlin Heidelberg GmbH

Dr.-Ing. Michael R. Koch
Institut für Werkzeugmaschinen und Betriebswissenschaften (iwb), München

Univ.-Prof. Dr.-Ing. G. Reinhart
o. Professor an der Technischen Universität München
Institut für Werkzeugmaschinen und Betriebswissenschaften (iwb), München

Univ.-Prof. Dr.-Ing. J. Milberg
o. Professor an der Technischen Universität München
Institut für Werkzeugmaschinen und Betriebswissenschaften (iwb), München

D91

ISBN 978-3-540-61104-2   ISBN 978-3-662-05954-8 (eBook)
DOI 10.1007/978-3-662-05954-8

Geleitwort der Herausgeber

Die Produktionstechnik ist für die Weiterentwicklung unserer Industriegesellschaft von zentraler Bedeutung. Denn die Leistungsfähigkeit eines Industriebetriebes hängt entscheidend von den eingesetzten Produktionsmitteln, den angewandten Produktionsverfahren und der eingeführten Produktionsorganisation ab. Erst das optimale Zusammenspiel von Mensch, Organisation und Technik erlaubt es, alle Potentiale für den Unternehmenserfolg auszuschöpfen.

Um in dem Spannungsfeld Komplexität, Kosten, Zeit und Qualität bestehen zu können, müssen Produktionsstrukturen ständig neu überdacht und weiterentwickelt werden. Dabei ist es notwendig, die Komplexität von Produkten, Produktionsabläufen und -systemen einerseits zu verringern und andererseits besser zu beherrschen.

Ziel der Forschungsarbeiten des *iwb* ist die ständige Verbesserung von Produktentwicklungs- und Planungssystemen, von Herstellverfahren und Produktionsanlagen. Betriebsorganisation, Produktions- und Arbeitsstrukturen und Systeme zur Auftragsabwicklung im Unternehmen werden unter besonderer Berücksichtigung mitarbeiterorientierter Anforderungen entwickelt. Die dabei notwendige Steigerung des Automatisierungsgrades darf jedoch nicht zu einer Verfestigung arbeitsteiliger Strukturen führen. Fragen der optimalen Einbindung des Menschen in den Produktentstehungsprozeß spielen deshalb eine sehr wichtige Rolle.

Die im Rahmen dieser Buchreihe erscheinenden Bände stammen thematisch aus den Forschungsbereichen des *iwb*. Diese reichen von der Produktentwicklung über die Planung von Produktionssystemen hin zu den Bereichen Fertigung und Montage. Steuerung und Betrieb von Produktionssystemen, Qualitätssicherung, Verfügbarkeit und Autonomie sind Querschnittsthemen hierfür. In den *iwb*-Forschungsberichten werden neue Ergebnisse und Erkenntnisse aus der praxisnahen Forschung des *iwb* veröffentlicht. Diese Buchreihe soll dazu beitragen, den Wissenstransfer zwischen dem Hochschulbereich und dem Anwender in der Praxis zu verbessern.

Joachim Milberg   *Gunther Reinhart*

Vorwort

Die vorliegende Dissertation entstand während meiner Tätigkeit als wissenschaftlicher Mitarbeiter am Institut für Werkzeugmaschinen und Betriebswissenschaften (*iwb*) der Technischen Universität München.

Den Herren Professoren Dr.-Ing. Dr. h.c. J. Milberg und Dr.-Ing. G. Reinhart, den Leitern dieses Institutes, gilt mein besonderer Dank für die wohlwollende Förderung und die großzügige Unterstützung dieser Arbeit.

Herrn Prof. Dr.-Ing. Dr.-Ing. E.h. H.K. Tönshoff, dem Leiter des Instituts für Fertigungstechnik und Spanende Werkzeugmaschinen der Universität Hannover, danke ich sehr herzlich für die Übernahme des Korreferates und für das große dieser Arbeit entgegengebrachte Interesse.

Darüber hinaus danke ich allen Mitarbeiterinnen und Mitarbeitern des Instituts und allen Studenten, die mich bei der Erstellung meiner Arbeit unterstützt haben, recht herzlich. Insbesondere meinen Kollegen Dipl.-Ing. Thilo Köhne, Dipl.-Ing. Alexander Sabbah, Dipl.-Ing. (FH) Thomas Brandstetter und Dipl.-Ing. Rolf Diesch möchte ich für die stets anregende und konstruktive Zusammenarbeit danken.

München, im April 1996 *Michael R. Koch*

Meinen Eltern

1 Einleitung

1.1 Ausgangssituation

Die Wettbewerbssituation für Produktionsunternehmen hat sich in den letzten Jahren aufgrund gesättigter Märkte und steigender Innovationsdynamik grundlegend verändert. Die wachsende Variantenvielfalt der Produkte sowie ihre kürzer werdenden Lebenszyklen bei gleichzeitig steigender Funktionalität spiegeln sich in dem verstärkten Einsatz flexibler Produktionskonzepte in den Unternehmen wider *(Reinhart & Koch 1995)*. Im Bereich der Fertigung werden zur automatischen Bearbeitung von Teilefamilien mit großer Vielfalt in mittleren Stückzahlen häufig Flexible Fertigungssysteme (FFS) eingesetzt.

Die Verbreitung von FFS, die aus mehreren material- und informationsflußtechnisch miteinander verketteten Werkzeugmaschinen bestehen, wird allerdings durch die vielfach unbefriedigende Verfügbarkeit der Systeme gehemmt. Ursachen hierfür sind zum einen in der hohen Komplexität der Systeme *(Milberg & Ebner 1994)* und zum anderen in der unzureichenden Behandlung auftretender Störungen zu suchen. Zeitintensive Eingriffe des Benutzers sind bei nahezu allen auftretenden Störungen erforderlich. Der Versuch, nachträglich Mechanismen zur Störungsbehandlung in die Systeme einzubinden, z. B. Meß- und Überwachungsfunktionen, erwies sich als ausgesprochen aufwendig und führte zu einer weiteren Steigerung der Komplexität.

Der wirtschaftliche Betrieb kapitalintensiver Fertigungsanlagen in mannarmen dritten Schichten ist mit den herkömmlichen Systemen nur ansatzweise möglich. Gleichzeitig kann aber die Wettbewerbsfähigkeit der Produktionsunternehmen nur durch die Entwicklung und den Einsatz innovativer Produktionstechnologien langfristig gesichert werden *(Milberg u. a. 1994, S. 21)*. Vor diesem Hintergrund sind neue Ansätze für zukünftige Systeme erforderlich.

Die "Autonomie" zeigt als Leitbild für die Entwicklung zukünftiger Fertigungssysteme neue Perspektiven auf. Zu den wesentlichen Eigenschaften technischer autonomer Systeme zählen u.a. die Störungstoleranz und die Aufgabenorientierung. Im Sinne der Störungstoleranz können autonome Systeme vorgegebene Aufgaben zeitlich begrenzt ohne menschliche Eingriffe trotz veränderter oder gestörter Umgebung erfüllen. Im Rahmen der Aufgabenorientierung werden aufgabenbezogene Zielvorgaben auf der

Basis dezentraler Freiheitsgrade und Kompetenzen ohne menschliche Eingriffe aufgelöst und verarbeitet.

Die zumindest zeitweise Unabhängigkeit autonomer Systeme von menschlichen Eingriffen ermöglicht im Bereich der Fertigung eine zunehmende Entkopplung des Benutzers von den Maschinenlaufzeiten. Der Mensch soll aber keinesfalls aus der Fertigung verdrängt werden, sondern von monotoner Arbeit entlastet, und insbesondere bei auftretenden Störungen wirksamer als bisher unterstützt werden. Autonomie darf demnach nicht als eine schlichte Erhöhung des Automatisierungsgrades mißverstanden werden, vielmehr sind die geeigneten Funktionen besser und konsequenter als bisher zu automatisieren.

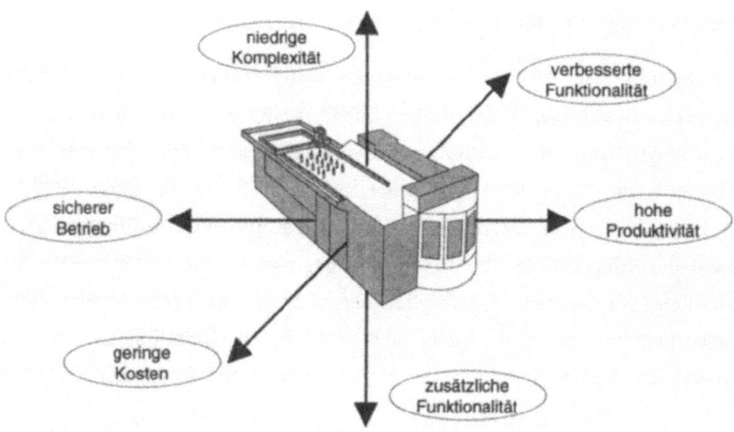

Bild 1-1: Spannungsfeld der Autonomie

Bei der Gestaltung autonomer Systeme im Bereich der Fertigung sind die in Bild 1-1 dargestellten Zielkonflikte zu berücksichtigen. Ein sicherheitsorientierter Betrieb der Systeme, d. h. die sehr sensible Reaktion auf mögliche Störungen, um größere Defekte zu vermeiden, kann zu einer Beeinträchtigung der geforderten Produktivität der Systeme führen. Die für die Autonomie erforderliche Verbesserung der vorhandenen Funktionalität sowie die Erweiterung der Systeme um zusätzliche Funktionalität steht im Widerspruch zu den Forderungen nach niedriger Komplexität sowie geringen Kosten.

Um diese konkurrierenden Ziele sowie die zukünftigen Anforderungen der Anwender zu berücksichtigen, sind systematische Vorgehensweisen zur Gestaltung autonomer Systeme im Bereich der Fertigung erforderlich. Es ist ein umfassender Ansatz zur Autonomie zu entwickeln, der das ganze Spektrum der bisher unabhängigen Entwicklungen in den Bereichen Prozeßmodellierung, intelligente Sensorik, Lernfähigkeit, Aufgabenplanung usw. in seiner Gesamtheit betrachtet und nutzbar macht (vgl. *Westkämper 1993*). Der Ansatz soll sowohl bekannte Entwicklungen als auch zukünftig zu erwartende Fortschritte in den genannten Bereichen berücksichtigen.

1.2   Zielsetzung

Zukünftige autonome Systeme in Produktionsbetrieben sollen auch in mannarmen Schichten wirtschaftlich genutzt werden können. Dementsprechend ist es das Ziel dieser Arbeit, grundlegende Konzepte für die Autonomie im Bereich der flexiblen Fertigung zu entwickeln. Zum einen müssen allgemeine methodische Grundlagen für die Gestaltung autonomer Systeme in der Fertigung geschaffen werden. Zum anderen sind die Bedeutung des Leitbildes "Autonomie" für die Fertigung und die Auswirkungen der Autonomie auf die Bereiche Mensch, Organisation und Technik zu klären.

Den Kristallisationskern der Autonomie in der flexiblen Fertigung bilden autonome Fertigungszellen. Aufbauend auf den Grundlagen ist es das zentrale Ziel der Arbeit, ein Konzept zur störungstoleranten Steuerung autonomer Fertigungszellen zu erarbeiten. An die Stelle der bisher separaten Konzeption von Steuerung und Störungsbehandlung muß eine integrative, gleichwertige Betrachtung beider Aspekte treten. Es ist eine informations- und steuerungstechnische Infrastruktur für autonome Fertigungszellen zu schaffen, die die einfache Integration zusätzlicher Autonomiefunktionen ermöglicht und auch langfristig allen Ausprägungen der Autonomie gerecht wird. Ausgehend von dem zu entwickelnden Konzept ist ein System zur störungstoleranten Steuerung autonomer Fertigungszellen zu realisieren.

Ein weiteres Ziel der Arbeit ist es, das Potential für zukünftige Entwicklungen aufzuzeigen und die Voraussetzungen für weitere Arbeiten auf dem vielschichtigen Gebiet der Autonomie zu schaffen.

1.3 Vorgehensweise

In Kap. 2 wird der Stand der Forschung und Technik beschrieben. Zunächst wird auf Flexible Fertigungssysteme und Ansätze zur Steuerung sowie zur Störungsbehandlung in der flexiblen Fertigung eingegangen. Anschließend werden bestehende Konzepte für autonome Systeme in der Technik sowie Ansätze aus der "Verteilten Künstlichen Intelligenz" dargestellt.

Ergänzend zum Stand der Forschung und Technik werden in Kap. 3 eigene Analysen bestehender Ansätze und Systeme zur Steuerung und Störungsbehandlung in der flexiblen Fertigung zusammengefaßt. Die wesentlichen Defizite werden beleuchtet und daraus entsprechende Anforderungen an zukünftige Fertigungssysteme abgeleitet.

In Kap. 4 werden die Grundlagen für die Gestaltung autonomer Systeme in der Fertigung geschaffen. Die wesentlichen Aspekte der Autonomie für die Fertigung werden definiert, und die verschiedenen Einflüsse auf die Autonomie eines Systems erarbeitet. Es wird eine systematische Vorgehensweise zur Gestaltung autonomer Systeme entwickelt. Darauf aufbauend werden ein Konzept für die Aufbauorganisation autonomer Fertigungssysteme sowie verschiedene Szenarien für die Ablauforganisation, d.h. die Auftragsbehandlung, vorgestellt. Gleichzeitig wird der Rahmen für die Konzeption und Entwicklung autonomer Fertigungszellen abgesteckt.

Inhalt von Kap. 5 ist das Konzept zur störungstoleranten Steuerung autonomer Fertigungszellen. Ausgehend von der Bildung aufgabenorientierter Module und der Dezentralisierung der Steuerungskompetenz wird eine hierarchische Strukturierung der Steuerung und Störungsbehandlung in autonomen Fertigungszellen vorgenommen. Anschließend wird auf ebenenübergreifende Aspekte und auf die detaillierten Konzepte der definierten Ebenen eingegangen.

In Kap. 6 wird die Realisierung eines Systems zur störungstoleranten Steuerung beschrieben. Am Beispiel einer Fertigungszelle wird die komplette Bearbeitung eines Auftrages sowie die Reaktion auf eintretende Störungen demonstriert.

Abschließend werden in Kap. 7 die Ergebnisse zusammengefaßt, diskutiert und ein Ausblick auf denkbare Weiterentwicklungen gegeben.

2 Stand der Forschung und Technik

2.1 Übersicht

Angesichts der großen Vielfalt der Entwicklungen und Ansätze, die für die Autonomie relevant sind, ist der zu betrachtende Stand der Forschung und Technik entsprechend breit gefächert. Zunächst wird auf Flexible Fertigungssysteme eingegangen, die den Ausgangspunkt der vorliegenden Arbeit bilden. Anschließend werden die Steuerungssysteme sowie die Ansätze zur Störungsbehandlung dargestellt, die im Bereich der flexiblen Fertigung zum Einsatz kommen. Abschließend wird auf die bestehenden Ansätze zur Autonomie im Bereich der Technik sowie die "Verteilte Künstliche Intelligenz" detailliert eingegangen.

2.2 Flexible Fertigungssysteme

Ein "Flexibles Fertigungssystem" (FFS) ist nach *Weck (1989, S. 526)* ein System, das aus einer oder mehreren Arbeitsmaschinen besteht, die über ein gemeinsames Steuer- und Transportsystem so verknüpft sind, daß eine automatisierte Fertigung stattfinden kann und verschiedene Bearbeitungsaufgaben an unterschiedlichen Werkstücken durchgeführt werden können.

Im Bereich der mechanischen Teilefertigung werden FFS zur automatischen Bearbeitung von Teilefamilien mit großer Vielfalt in mittleren Stückzahlen eingesetzt. FFS bieten dem Anwender je nach Konfiguration den gewünschten Kompromiß aus Flexibilität und Automatisierung. Die Flexibilität wird durch eine von Losgrößen unabhängige, ungetaktete Fertigung mit verschiedenen numerisch gesteuerten Maschinen erreicht, die sich entweder gegenseitig ergänzen oder ersetzen können. Durch die Automatisierung der Werkstück- und Werkzeugwechselfunktionen sowie einen ausreichenden Teile- und Werkzeug-Vorrat ist ein automatischer Betrieb innerhalb begrenzter Zeitintervalle möglich. Neben der Vielzahl automatisierter Funktionen sind für andere Aufgaben, wie z. B. für die Voreinstellung und Vermessung von Werkzeugen sowie für das Aufrüsten der Werkstücke, nach wie vor Benutzer verantwortlich. Diese Tätigkeiten sind aber vom Arbeitstakt der Maschinen weitgehend entkoppelt.

Zur Sicherung der Verfügbarkeit werden FFS zunehmend in einzelne, voneinander entkoppelte Teilsysteme strukturiert *(Schönecker 1992, S. 7)*. Die Gliederung orientiert sich an der mehrstufigen Fertigung eines Werkstattauftrages auf mehreren Maschinen *(Groha 1988, S. 25)*. Das wesentliche Teilsystem in FFS sind die flexiblen Fertigungszellen. Unter einer Fertigungszelle kann nach *Groha (1988, S. 24)* eine rechnergeführte Arbeitsstation verstanden werden, zu der neben Peripherieeinrichtungen für die Bereitstellung und Zuführung von Werkstücken und Fertigungsmitteln sowie zur Verkettung mit anderen Zellen auch Überwachungseinrichtungen gehören können. Die Zellen in FFS werden durch Puffer für Werkstücke und Werkzeuge voneinander entkoppelt. In Bild 2-1 sind die Bestandteile einer flexiblen Fertigungszelle dargestellt. Es kann zwischen der permanenten und der temporären Zellenperipherie, die sich nur zeitweilig in der Zelle befindet, unterschieden werden.

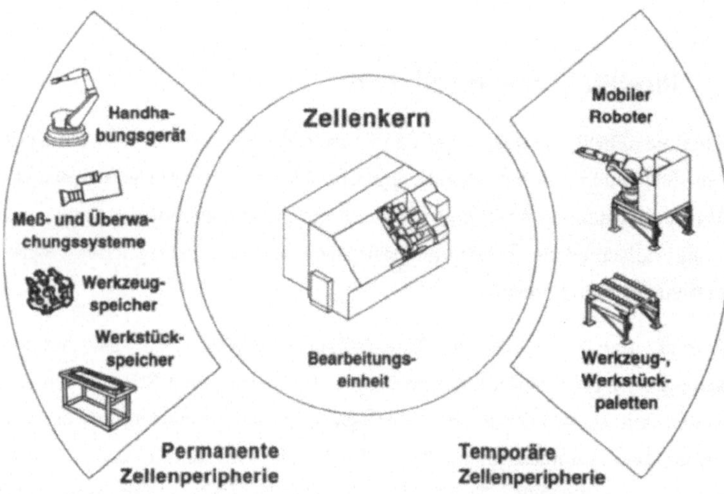

Bild 2-1: Bestandteile einer flexiblen Fertigungszelle (Glas 1993, S. 12)

In der Forschung werden in FFS auch mobile Roboter eingesetzt. Aufgrund ihrer Flexibilität können sie in verschiedenen Fertigungszellen Handhabungsaufgaben durchführen *(Pischeltsrieder 1993, S. 801)*.

2.3 Steuerungssysteme in der flexiblen Fertigung

2.3.1 Hierarchische Strukturierung der Steuerung

Die geforderte Flexibilität der FFS sowie die Vielfalt der zum Einsatz kommenden Bearbeitungsverfahren führen zu hohen Anforderungen an die einzusetzenden Steuerungsmechanismen und -systeme. Für die geschlossene Rechnerführung von FFS, die das gesamte organisatorische, dispositive und fertigungstechnische Geschehen beinhaltet, ist sowohl in der Forschung als auch in der Industrie eine Vielzahl von Konzepten entwickelt worden. Die Ansätze unterscheiden sich in erster Linie hinsichtlich des Grades der Dezentralisierung von Steuerungsfunktionen. Dagegen ist die hierarchische Strukturierung der Steuerung in der Regel vergleichbar. Am weitesten verbreitet ist die in Bild 2-2 dargestellte Einteilung in Planungsebene, Leitebene, Zellenebene und Steuerungsebene (*ISO 1986*).

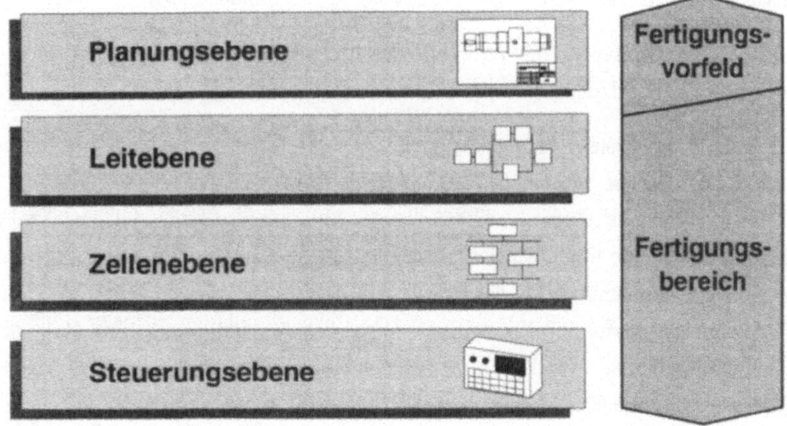

Bild 2-2: Hierarchische Strukturierung der Steuerung (nach ISO 1986)

In der Planungsebene werden im Rahmen bereichsübergreifender Planungen die technischen und organisatorischen Vorgabedaten für den Fertigungsbereich erzeugt. So kann z. B. in Systemen zur Produktionsplanung und -steuerung (PPS) eine grobe Kapazitäts- und Terminplanung erfolgen. Diese Ebene wird hier nicht weiter betrachtet. Auf die Steuerungskonzepte in der Leit-, der Zellen- und der Steuerungs-ebene wird im folgenden genauer eingegangen. Die zum Teil in den Steuerungskon-zepten enthaltenen Aspekte der Störungsbehandlung werden in Kap. 2.4 behandelt.

2.3.2   Die Leitebene

In der Leitebene werden überwiegend zentrale Systeme zur kurzfristigen Fertigungs-steuerung eingesetzt, die als Leitsysteme oder Fertigungsleitsysteme bezeichnet werden. Ausgehend von den Auftragsinformationen und Vorgaben aus der Planungs-ebene werden unter der Berücksichtigung gewichteter Zielkriterien, wie z. B. Durch-laufzeit, Termintreue, Kapazitätsauslastung und Bestände, optimale Auftrags-verteilungen generiert. Im Rahmen der Auftragsdurchsetzung werden die geplanten Teilaufträge auf die einzelnen Fertigungszellen verteilt. Die zentralen Systeme zur Fertigungssteuerung verfügen in der Regel über Module zur Planung, Steuerung, Überwachung, Visualisierung und Simulation von Fertigungsabläufen *(Beier & Schwall 1990, Fischer 1990, Kupec 1991, Lange 1993, Simon 1995).*

Neben diesen Konzepten mit zentralen Instanzen gibt es verschiedene Ansätze im Hinblick auf eine Dezentralisierung der Belegungsplanung.

Eine flexible, situationsabhängige Struktur, in der die dezentralen Arbeitsstationen eine aktive Rolle spielen, wird von *Tönshoff u. a. (1995)* vorgeschlagen. Anstelle der starren Befehlshierarchien in zentralistischen Strukturen werden entsprechend der Ansätze zu "Holonic Manufacturing Systems" (HMS) temporäre Hierarchien gebildet. Die Belegungsplanung soll - ausgehend von den Ansätzen von *Duffie & Prabhu (1994)* - auf der Basis einer fertigungsbegleitenden Simulation erfolgen. Zukünftige Belegungssituationen werden unter besonderer Berücksichtigung von Engpaß-ressourcen vorausberechnet und bewertet, so daß die beste Alternative auf die reale Anlage übertragen werden kann.

Reinhart & Pischeltsrieder (1995) schlagen eine zentrale Koordinierungsinstanz vor, die die zur Bearbeitung eines Auftrages in Frage kommenden Zellen um einen Einplanungsvorschlag bittet. Bei der Planung können die Zellen ihre aktuelle Situation berücksichtigen. Die endgültige Entscheidung hinsichtlich der Einplanung wird dann allerdings in der zentralen Instanz gefällt, die auch für die Koordination der Zellen zuständig ist. Im Falle auftretender Störungen können die Zellen direkt miteinander verhandeln. Größere Systeme, die aus vielen Zellen bzw. autonomen Einheiten (AE) bestehen, lassen sich durch Hierarchien koordinierender Instanzen steuern (Bild 2-3).

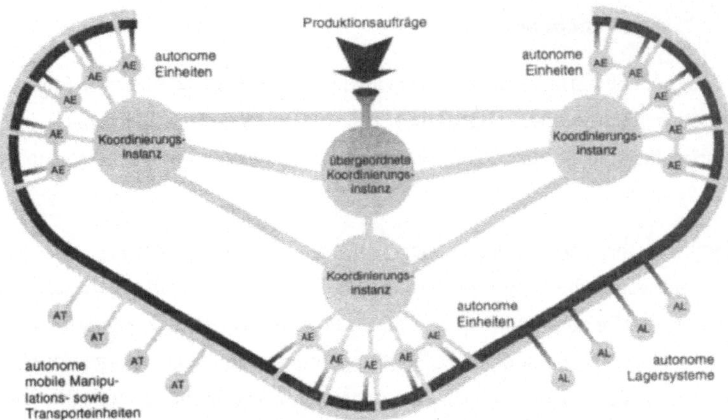

Bild 2-3: Struktur eines Produktionssystems mit mehreren koordinierenden Instanzen (Reinhart & Pischeltsrieder 1995, S. 21)

Das von *Iwata u. a. (1993, 1994)* vorgestellte "Random Manufacturing System" besteht aus Fertigungseinheiten mit dezentraler Planungskompetenz. Gruppen von Fertigungseinheiten, die sich selbständig auftragsspezifisch konfigurieren, konkurrieren um die zu bearbeitenden Aufträge. Zur Beeinflussung des Verhaltens der Einheiten schlägt Iwata ein System aus Preisen und Strafen vor, deren Höhe sich aus den globalen Zielen des Fertigungssystems ergibt. Das Konzept ermöglicht einen Verzicht auf einen zentralen Terminplan.

Ahluwalia (1991) schlägt vor, die Auftragszuteilung durch die Zellenrechner selbst vornehmen zu lassen. Jeder Zellenrechner kennt die Fähigkeiten der anderen Zellenrechner im System und kann deren Verfügbarkeit in regelmäßigen Abständen, z. B. alle 30 Sekunden, abfragen. Im Falle einer Störung leitet der betroffene Zellenrechner den Auftrag selbständig an eine geeignete Zelle weiter. *Larsen & Alting (1991)* fordern anstelle der hierarchischen Prinzipien selbständige Entscheidungen in untereinander konkurrierenden Organisationsknoten. Im Rahmen des "pairing planning" zur Ermittlung der optimalen Auftragsreihenfolge sollen konfigurations-, verfügbarkeits- und auftragsbezogene Informationen berücksichtigt werden.

Auf Ansätze zur Auftragsbehandlung, die im Bereich der "Verteilten Künstlichen Intelligenz" entstanden sind, wird in Kap. 2.6 gesondert eingegangen.

2.3.3   Die Zellenebene

In der Zellenebene befinden sich die verschiedenen Fertigungszellen, denen jeweils ein Zellen- oder Inselrechner zugeordnet ist. Unter einem Zellenrechner ist keine hardware-technische Realisierung sondern ein Softwaresystem zu verstehen *(Groha 1988)*.

Die Hauptaufgaben des Zellenrechners sind die Auftragseinplanung, die Auftragsdurchführung sowie die Diagnose *(Groha 1988, S. 38)*. Zur Erfüllung dieser Aufgaben werden dispositive Funktionen, operative Funktionen, Diagnosefunktionen sowie Verwaltungs- und Kommunikationsfunktionen eingesetzt. Vom übergeordneten Leitsystem werden dem Zellenrechner die abzuarbeitenden Aufträge zugeteilt. Innerhalb der vorgegebenen Ecktermine kann zunächst eine Optimierung der Auftragsreihenfolge erfolgen, die sich z. B. an den Zielkriterien Durchlaufzeit, Auslastung sowie Rüstzeit und -kosten orientiert *(Fischer 1990, S. 113, Groha 1988, S. 46, Lange 1993, S. 85)*. Im Rahmen der Auftragsdurchführung wird der Ablauf innerhalb der Fertigungszelle, d. h. die Koordination der einzelnen Elemente in der Zelle inklusive der Peripherie der Maschinen, durch den Zellenrechner gesteuert und überwacht. Dazu werden frei programmierbare Ablaufsteuerungen eingesetzt. Neben der reinen Steuerung gibt es erste Ansätze zur selbständigen Planung der Abläufe in Fertigungszellen *(Stolp 1991)*.

Die Grundlage der Ablaufsteuerungen bilden in der Regel sogenannte Petrinetze, auf die hier wegen ihrer Bedeutung für die vorliegende Arbeit kurz eingegangen werden soll. Petrinetze sind gerichtete Graphen, die aus Plätzen und Transitionen sowie den sie verbindenden Kanten bestehen. Petrinetze sind bipartitive Graphen, d. h. auf einen Platz folgen immer eine oder mehrere Transitionen und umgekehrt. Mit der Hilfe von Petrinetzen lassen sich auf der Basis von Sequenzen, Iterationen, Verzweigungen und Parallelitäten beliebige Kontroll- und Ablaufstrukturen erstellen (Bild 2-4). Insbesondere Synchronisationen und kausale Abhängigkeiten zwischen Systemen können gut dargestellt werden. Aufgrund der Vielseitigkeit der Petrinetze, die auch in der Vielzahl unterschiedlicher Varianten (Einmarken-Netze, Mehrmarken-Netze, Colorierte Netze usw.) begründet ist, werden sie sowohl zur Steuerung als auch zur

Simulation und Visualisierung eingesetzt. Nachteile der Petrinetze sind laut *Pritschow (1993, S. 243ff)*, daß sie nicht genormt sind und daß Parallelitäten nur umständlich darzustellen sind. Für detailliertere Ausführungen bezüglich der Theorie und der Anwendungen der Petrinetze sei auf die weiterführende Literatur verwiesen *(Abel 1988, Glüer & Schmidt 1988, Kasturia u. a. 1988, Möhrle 1989)*.

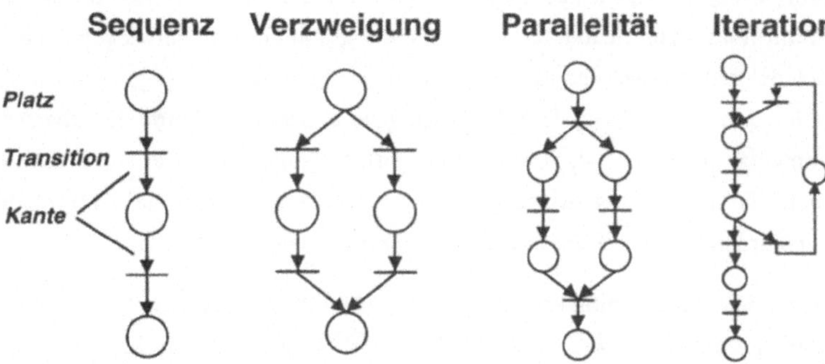

Bild 2-4: Darstellung von Ablaufstrukturen durch Petrinetze

Bei der Steuerung von Abläufen geben die Zellenrechner Maschinenprogramme, Parameter, Korrekturdaten sowie Steuerungsanweisungen zur Auslösung von Aktionen an die Steuerungsebene weiter. In der Gegenrichtung werden Status- und Fehlermeldungen sowie Maschinendaten übertragen. Anstelle der herkömmlichen seriellen Schnittstellen wird zunehmend der Kommunikationsstandard MAP/MMS eingesetzt, der einen Zugriff auf detaillierte Informationen ermöglicht *(ISO 1990)*.

Zusätzlich zu den beschriebenen Ansätzen seien noch zwei stärker dezentral ausgerichtete Steuerungskonzepte in der Zellenebene genannt. *Scheller (1991)* führt feiner detaillierte Hierarchieebenen zur Steuerung ein, um speziell den hohen Flexibilitätsansprüchen in Montagezellen gerecht zu werden. Im Konzept von *Duffie u. a. (1988)* wird auf eine zentrale steuernde Instanz verzichtet. Statt dessen kooperieren die Einheiten, z. B. Roboter und Bearbeitungsmaschinen, im Rahmen der Auftragsbearbeitung direkt miteinander. Diesen als "heterarchisch" bezeichneten Ansatz wählt Duffie, um eine erhöhte Störungstoleranz zu erreichen.

2.3.4 Die Steuerungsebene

In der Steuerungsebene befinden sich die Gerätesteuerungen der einzelnen Elemente der Fertigungszellen, d. h. NC- und RC- Steuerungen sowie SPS. Die zunehmende Leistungsfähigkeit dieser Steuerungen äußert sich zum einen in der Integration von Funktionen, z. B. zur Auftragsverwaltung, die bisher den Zellensteuerungen zugeordnet waren *(Heller 1993)*. Zum anderen werden z. B. im NC-Bereich erweiterte Programmformate zur featurebasierten NC-Programmierung entwickelt, die eine zunehmende Automatisierung der Programmerstellung fördern (vgl. *Houten 1991, Kreutzfeldt & Schmidt 1992, S. 55ff, Tönshoff u. a. 1993, S. 113ff)*. Darüber hinaus wird momentan intensiv an der Entwicklung "offener" und modularer NC-Steuerungen gearbeitet, die mit geringem Aufwand an anwendungsspezifische Anforderungen angepaßt werden können *(Pritschow & Sperling 1993, Weck u. a. 1993)*.

Entsprechende Ansätze gibt es auch zur selbständigen Generierung von Roboter-programmen *(Stetter 1994, Levi 1988, S. 13)*. Erste Ansätze zur Entwicklung von Robotersteuerungen, in die sich aufgabenorientierte Planungs- und Steuerungsfunktionen integrieren lassen, werden z. B. von *Spur & Timm (1992)* vorgeschlagen.

2.4 Störungsbehandlung in der flexiblen Fertigung

Unter einer Störung soll in der vorliegenden Arbeit in Anlehnung an *Vossloh (1988, S. 27)* ein Abweichen vom Sollverhalten verstanden werden, das zur Funktionsbeeinträchtigung führt. Die Störungsbehandlung umfaßt alle Aspekte der Erkennung, Lokalisierung und Behebung sowie der Vermeidung und Umgehung von Störungen. Ansätze zur Störungsbehandlung kommen auf allen Hierarchieebenen der Steuerung im Fertigungsbereich zum Einsatz (Bild 2-5). Bezieht sich die Störungsbehandlung auf das System und den Prozeß, d. h. auf die Abläufe im System, wird von Diagnose gesprochen *(Schönecker 1992, S. 17)*. Bezieht sich die Störungsbehandlung auf das Produkt und den Prozeß, d. h. auf die Bearbeitung des Produkts, wird sie als Qualitätssicherung bezeichnet. Angesichts der großen Vielfalt der Ansätze zur Störungsbehandlung soll hier nur eine repräsentative Auswahl vorgestellt werden.

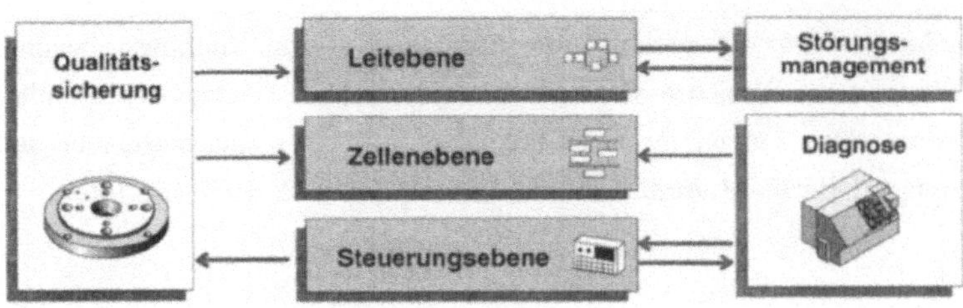

Bild 2-5: Ansätze zur Störungsbehandlung

In der Steuerungsebene werden Systeme zur Überwachung und Diagnose von Werkzeug und Prozeß bzw. Maschine eingesetzt, die u. a. auf der Messung von Kraft-, Momenten-, Leistungs- oder Körperschallinformationen basieren *(Boge 1994, Cavalloni & Kirchheim 1994, Tönshoff u. a. 1990, Watzke 1994, Westerbusch 1994)*. Im Forschungsbereich gibt es zudem Ansätze zur Prozeßmodellierung sowie zur Überwachung und Diagnose von Antrieben *(Helml 1992, Isermann 1991, Westkämper 1993)*. Insbesondere für Werkzeugmaschinen mit automatisierten Peripheriefunktionen werden von den Herstellern viele kundenspezifische Lösungen zur Überwachung der Aufspannung sowie peripherer Funktionen zumeist auf der Basis zusätzlicher Sensoren entwickelt. Darüber hinaus wird die Informationsredundanz vorhandener Sensoren standardmäßig zur Plausibilitätskontrolle genutzt (vgl. *Diehl 1992*). Sowohl für Werkzeugmaschinen als auch für Roboter gibt es im Forschungsbereich Ansätze zur online Kollisionskontrolle *(Moser 1991, Stettmer 1994)* sowie zur wissensbasierten Diagnose in der Steuerung *(Fähnrich 1990)*. Zur maschineninternen Werkstückvermessung im Rahmen der Qualitätssicherung werden Meßtaster, z. B. zur Erstteilprüfung, eingesetzt.

Ein breites Spektrum von Ansätzen zur wissensbasierten Diagnose wird für die Zellen- und Leitebene entwickelt. Angestrebt ist eine zentrale Diagnose entweder der Komponenten in einer Fertigungszelle *(Bunse & Judica 1989, Hofmann 1990, Schönecker 1992)* oder aller Komponenten in einem ganzen Fertigungssystem *(Reuschenbach 1992, Boge u. a. 1990, S. 423)*. Zudem gibt es Ansätze zur wissensbasierten Qualitätssicherung in Fertigungszellen *(Kahlenberg 1995)*. Ein Konzept zum Störungsmanagement in Fertigungsleitsystemen, d. h. zur Behandlung logistischer Störungen, wurde von *Simon (1995)* entwickelt. Der Störungsbehandlung in der Leitebene dient auch der Ansatz zur reaktiven Belegungsplanung von *Beckendorff (1991)*.

Erste Ansätze zur Integration von Mechanismen zur Störungsbehandlung in Steuerungssysteme beziehen sich auf zustandsorientierte Steuerungsbeschreibungen, die Überwachung ablaufrelevanter Ereignisse und Überwachungsmodule in NC-Steuerungen *(Glas 1993, Härdtner 1988, Seifert 1992, Weck & Fauser 1993)*.

2.5 Autonome Systeme in der Technik

2.5.1 Einsatzbereiche autonomer Systeme

Ein Großteil der Forschungsaktivitäten zur Entwicklung autonomer Systeme kann den Bereichen Robotik sowie Luft- und Raumfahrt zugeordnet werden. Die Ansätze reichen von teilautonomen, teleoperierten Systemen bis hin zu vollständig autonomen Systemen. Daneben gewinnt der Einsatz autonomer Roboter und Fahrzeuge in unzugänglichen oder gefährlichen Einsatzumgebungen, z. B. zur Inspektion in Rohrleitungen oder in Kernkraftwerken, zunehmend an Bedeutung. Wachsende Einsatzmöglichkeiten zeichnen sich in den Bereichen der autonomen Service- und Dienstleistungsroboter sowie der autonomen Fahrzeuge und Roboter in Fertigungs-umgebungen ab *(Lehmann 1994, Pischeltsrieder 1993, Schraft 1994, Spath u. a. 1994)*.

2.5.2 Definitionen des Begriffes "Autonomie"

Für den Begriff der Autonomie gibt es eine Vielzahl unterschiedlicher Definitionen. Die im folgenden aufgeführten Definitionen bilden die Basis der eigenen Begriffsabgrenzung (vgl. Kap. 4.2). Im allgemeinen Sprachgebrauch wird "Auto-nomie" gleichbedeutend mit den Begriffen "Selbständigkeit" und "Unabhängigkeit" verwendet. Laut Duden ist unter Autonomie "nach eigenen Gesetzen lebend" zu verstehen. Eine Auswahl der wesentlichen technisch orientierten Definitionen der Autonomie wird im folgenden aufgeführt.

- Unabhängigkeit von einer höheren Intelligenz *(Koditschek 1990, S. 651)*,

- Selbständigkeit und Selbstregelung eines Systems, Unabhängigkeit von starr vorprogrammierten Abläufen und selbständige Reaktion auf Fehler und Abweichungen *(Westkämper 1993, S. 16)*,

- Entscheidungs- und Handlungsfreiheit eines abgegrenzten Bereiches innerhalb einer hierarchisch gegliederten Gesamtstruktur *(Kreimeier 1987, S. 17)*,

- Fähigkeit eines Systems zur Interaktion mit einer veränderlichen Umgebung, ohne dabei menschlicher Unterstützung zu bedürfen *(Dungern 1991, S. 9)*,

- Fähigkeit eines informationsverarbeitenden Systems, eine ihm gestellte Aufgabe auch unter Einwirkung unsicherer oder nicht explizit vorgesehener Umweltzustände erfolgreich durchzuführen *(Hörmann 1989, S. 173, Papadimitriou 1991, S.30, Yavnai 1989, S. 448)*.

Im Bereich der Fertigung wird Autonomie bisher in erster Linie im Sinne der organisatorischen Unabhängigkeit eines Betriebsbereiches, einer Arbeitsgruppe oder Fertigungseinheit, z. B. einer Fertigungsinsel, verstanden *(Kreimeier 1987, S. 20, Habich 1990, S. 10, Kreutzfeldt & Schmidt 1992, S. 55, Witte 1990, S. 189, Okino 1993, S. 77)*. Darüber hinaus ergänzt *Bourne (1984)* die Vermeidung der Ausbreitung von Fehlern sowie die Reaktionsfähigkeit auf nicht vorhergesagte Situationen.

Die ersten bekannten Ansätze zu "Holonic Manufacturing Systems" (HMS) basieren auf den wesentlichen Eigenschaften Autonomie und Kooperation. Autonomie steht hier für die Fähigkeit einer Einheit, ihre eigenen Pläne bzw. Strategien zu erzeugen und deren Ausführung zu steuern. Unter Kooperation wird ein Prozeß verstanden, bei dem eine Gruppe von Einheiten für alle Einheiten akzeptierbare Pläne generiert und diese ausführt *(Seidel u. a. 1994, S. 9-10)*.

2.5.3   Charakteristika autonomer Systeme

Zusätzlich zu den Eigenschaften autonomer Systeme, die aus den Autonomiedefinitionen abgeleitet werden können, sollen hier insbesondere die Charakteristika genannt werden, die autonome Systeme von herkömmlichen Systemen unterscheiden.

Autonome Systeme planen selbständig die notwendigen Aktionen zur Erfüllung von Aufgaben. Vorab entwickelte Weltmodelle sind in autonomen Systemen nur bedingt einsetzbar, da die Komplexität der "realen Welt" - im Gegensatz zu speziellen Laborbedingungen - nicht a priori in allen Einzelheiten erfaßbar ist. Statt dessen müssen autonome Systeme ihre Umwelt selbständig erfassen und auf Veränderungen adäquat reagieren, obwohl sie die in der Regel kontinuierlichen Veränderungen nur diskret beobachten und verarbeiten können. Autonome Systeme müssen so robust sein, daß Änderungen der Einsatzbedingungen nicht zur Funktionsunfähigkeit führen und trotz schwerwiegender Systemfehler möglichst auch ohne externe Hilfe ein definierter Endzustand erreicht wird. Ausfälle von Systemkomponenten dürfen lediglich eine Leistungsminderung hervorrufen. Im Rahmen der Aufgabenerfüllung müssen sie mehrere Ziele parallel verfolgen können, die z. B. zeit- oder kontextabhängig priorisiert sind. Sie sollen mit anderen autonomen Systemen kooperieren sowie Konflikte erkennen und lösen können. Zudem verarbeiten autonome Systeme mehrdeutige, unvollständige oder ungenaue Information und erweitern ihr Wissen und ihre Steuerungsstrategien durch selbständiges Lernen *(Antsaklis & Passino 1989, S. 315ff, Fayek u. a. 1993, S. 268, Hörmann 1989, S. 174, Papadimitriou 1991, S. 29)*.

Selbstverständlich besitzen die konzipierten autonomen Systeme nicht das ganze Spektrum der beschriebenen Eigenschaften. Gleichwohl zielen viele Forschungs- und Entwicklungsarbeiten auf die Umsetzung dieser Charakteristika ab.

2.5.4   Steuerungskonzepte und -architekturen autonomer Systeme

Zur Steuerung autonomer Systeme werden sowohl algorithmisch-numerische Verfahren eingesetzt, die der klassischen Steuerungs- und Regelungstechnik zuzuordnen sind, als auch wissensbasierte Verfahren, die im Bereich der "Künstlichen Intelligenz" (KI) entwickelt worden sind *(Antsaklis & Passino 1989, Antsaklis u. a. 1990, Guha & Dudziak 1986, Pischeltsrieder 1993)*.

Die Vielzahl unterschiedlicher Steuerungsarchitekturen und -konzepte autonomer Systeme kann in funktionsorientierte und verhaltensorientierte Ansätze eingeteilt werden (Bild 2-6). Bei den funktionsorientierten Ansätzen wird zudem zwischen verteilten und hierarchisch strukturierten Architekturen getrennt *(Hörmann 1989, S. 177ff)*.

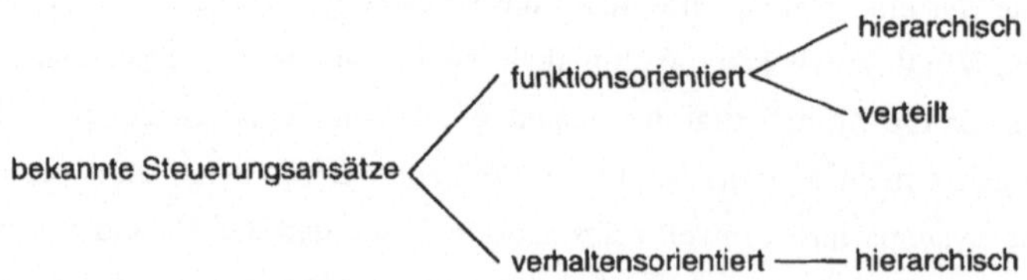

Bild 2-6: Klassifikation der bekannten Steuerungsansätze

In funktionsorientierten Architekturen wird jede Eigenschaft des Systems, z. B. die Fähigkeit zu planen, durch eine eigenständige Funktion repräsentiert. Da die Leistungs- und Funktionsfähigkeit des Systems direkt von den einzelnen Funktionen abhängt, führt der Ausfall einer Funktion meist zum Gesamtausfall des Systems.

In hierarchisch funktionsorientierten Systemen werden die Funktionen in mehrere Hierarchieebenen strukturiert. Einer der ersten Ansätze dieser Art stammt von *Albus (1984)*, in dessen hierarchisch angeordneten Ebenen sich jeweils Funktionen zur Aufgabenzerlegung, Umwelterfassung und Umweltmodellierung befinden. Wesentliche Merkmale der hierarchischen Strukturen sind die Schichtung und Verteilung von Entscheidungsautorität sowie die Delegation und Verteilung von Aufgaben. Zur Durchführung delegierter Teilaufgaben werden in den untergeordneten Einheiten Elementaroperationen gebildet, die häufig wiederkehrende Grundoperationen darstellen *(Rembold & Dillmann 1989)*. Besonders häufig kommen Architekturen mit drei Steuerungsebenen zum Einsatz. In der Regel wird zwischen strategischer, taktischer und operativer Ebene bzw. zwischen organisierender, koordinierender und ausführender Ebene unterschieden *(Antsaklis & Passino 1989, Antsaklis u. a. 1990, Messina & Tricomi 1989, Saridis & Valavanis 1988)*. Hierarchisch funktionsorientierte Architekturen werden unter anderem in den Robotersystemen IPAMAR *(Drunk 1987)*, KAMRO *(Rembold & Dillmann 1989)* und MACROBE *(Schmidt 1991)* eingesetzt.

In verteilten funktionsorientierten Architekturen sind die verschiedenen Funktionen einander gleichgestellt und voneinander unabhängig. Während hierarchisch-funktionsorientierte Ansätze in der Regel durch ein festes Vorgehen im Rahmen der Aufgabendurchführung gekennzeichnet sind, werden in verteilten Ansätzen die Eigenschaften des Systems durch interaktive Kooperation der Teilsysteme festgelegt *(Duan & Kumara 1993, S. 533)*. Eine wesentliche Bedeutung kommt dem zentralen Kommunikationsmechanismus zur Unterstützung der Verbindung der Funktionen zu. In diesem Zusammenhang werden in der Regel sogenannte Tafel- oder Blackboardmechanismen eingesetzt, die der kooperativen Problemlösung auf der Basis verteilten Expertenwissens dienen. Die kooperierenden Teilsysteme, die oft auch als Agenten bezeichnet werden, tragen alle Informationen und erarbeiteten Ergebnisse, die auch für andere Teilsysteme von Interesse sind, in einen Datenspeicher ein, der für alle Teilsysteme zugreifbar ist. Auf diese Art und Weise werden iterative, verteilte und auch konkurrierende Problemlösungen unterstützt *(Hörmann 1989, S. 178, Levi 1988, S. 37, Pang & Shen 1990, Tigli u. a. 1993, S. 249)*.

In verhaltensorientierten Architekturen wird das Gesamtsystem durch eine Menge von Verhaltensmustern charakterisiert, die Aktionen und vor allem Reaktionen im Hinblick auf die Umgebung festlegen. Der aktuelle Systemzustand wird durch die in der Regel dynamisch aktivierten oder priorisierten Verhaltensmuster definiert. So können z. B. einem autonomen Fahrzeug die Verhaltensweisen "Erkunde die Umgebung" und "Vermeide Kollisionen" gegeben werden. Ein wesentliches Merkmal der verhaltensorientierten Ansätze ist laut *Hörmann (1989, S. 178f)*, daß der Ausfall einzelner Verhaltensmuster zwar zu Funktionseinschränkungen, nicht aber zum Gesamtausfall führt. Im Gegensatz zum zielorientierten Vorgehen in funktionsorientierten Ansätzen zeichnen sich verhaltensorientierte Ansätze durch ihre Reaktivität in bezug auf die Umgebung aus *(Fayek u. a. 1993, S. 268)*.

In hierarchisch verhaltensorientierten Architekturen werden die verschiedenen Verhaltensmuster in Hierarchieebenen angeordnet beziehungsweise einander überlagert. So nutzt *Viggh (1990)* die von *Brooks (1987)* entwickelte "subsumption architecture" zur schrittweisen Erhöhung der Autonomie des in der Regel teleoperierten Andockvorgangs zwischen Raumfahrzeugen. In den Hierarchie- bzw. Kompetenzebenen wird das gewünschte autonome Verhalten jeweils durch endliche Automaten umgesetzt.

2.6   Verteilte Künstliche Intelligenz

Aufgrund der Bedeutung der "Verteilten Künstlichen Intelligenz" (VKI) für die vorliegende Arbeit soll hier kurz auf dieses spezielle Gebiet der Informatik eingegangen werden. Die zwei Hauptgebiete der VKI sind laut *Bond & Gasser (1988, S. 3)* das "Verteilte Problemlösen" und die "Multiagentensysteme":

> "Distributed Problem Solving considers how the work of solving a particular problem can be divided among the number of modules that cooperate at the level of dividing and sharing knowledge about the problem and about the developing solution.
>
> Multi Agent Systems are concerned with coordinating intelligent behaviour among a collection of autonomous intelligent agents, how they coordinate their knowledge, goals, skills and plans jointly to take actions or to solve problems."

Die Auftragsbehandlung in verteilten Systemen mit dezentraler Intelligenz, z. B. Fertigungssystemen, führt auf die beiden Kernprobleme der VKI. Die grundlegenden

Arbeiten in diesem Bereich stammen von *Davis & Smith (1983), Dilger & Kassel (1993), Hahndel & Levi (1994), Smith (1980)* sowie *Parunak (1988, 1989).*

In den entwickelten Ansätzen und Systemen werden jeweils verschiedene Agenten gebildet, die z. B. Planungs-, Überwachungs-, Koordinierungs-, Bearbeitungs- oder Transportaufgaben übernehmen können. Im Rahmen des Problemlösungsprozesses ist es erforderlich, daß die Agenten miteinander kooperieren und ihre Aktivitäten mit anderen Agenten koordinieren *(Müller 1993, S. 56).* Das Zusammenspiel der Agenten erfordert daher entsprechende Regelungen *(Kirn 1991, S. 14).* Dieser kooperative Problemlösungsprozeß wird in der Regel in die Phasen Problemdekomposition, Problemverteilung, Lösung der Teilprobleme und Synthese der Gesamtlösung gegliedert (Bild 2-7) *(Müller 1993, S. 56).*

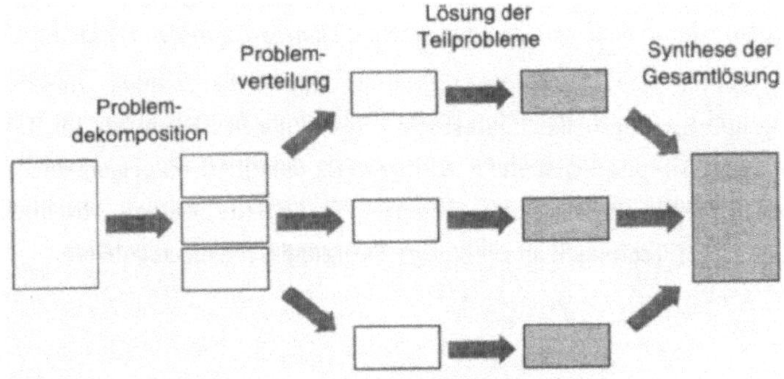

Bild 2-7: Phasen der kooperativen Problemlösung

Die Phasen der Problemdekomposition und -verteilung stehen in einem engen Zusammenhang. Ist bekannt, welcher Agent welches Teilproblem lösen kann, so kann das Teilproblem einfach an diesen Agenten delegiert werden. Andernfalls wird ein sogenanntes "Contract Net", d. h. ein Netzwerk von Verträgen, zwischen den Agenten aufgebaut *(Smith 1980).* Um geeignete Verträge abschließen zu können, werden in vielen Fällen marktorientierte Mechanismen genutzt *(Kirn 1991, S. 15).* Der Einsatz von Contract Nets ist insbesondere dann sinnvoll, wenn die verteilten Einheiten überlappende aber nicht notwendigerweise identische Fähigkeiten besitzen und das Gesamtsystem stark veränderlich, d. h. instabil ist *(Parunak 1989, S. 84).*

Detailliertere Informationen zum Thema VKI finden sich in der weiterführenden Literatur, z. B. *Bond & Gasser (1988), Müller (1993).*

3   Analyse bestehender Ansätze und Systeme zur Steuerung und Störungsbehandlung

3.1   Übersicht

Aufbauend auf dem Stand der Forschung und Technik werden in diesem Kapitel eigene Analysen der Defizite bestehender Ansätze und Systeme zur Steuerung und Störungsbehandlung zusammengestellt. Diese Analysen bilden die Ausgangsbasis für die Entwicklung von Grundlagen und Konzepten für autonome Systeme im weiteren Verlauf der Arbeit. Zur besseren Übersichtlichkeit sowie im Hinblick auf die Zielsetzung dieser Arbeit werden die Ergebnisse der eigenen Analysen zur Steuerung und Störungsbehandlung vier verschiedenen Bereichen zugeordnet (Bild 3-1). Auf die Bereiche System- und Steuerungsstrukturen, Störungsbehandlung, Integration von Steuerung und Störungsbehandlung sowie Einbindung des Benutzers im Rahmen der Steuerung und Störungsbehandlung wird jeweils detailliert eingegangen. Ausgehend von einer Zusammenfassung der aufgezeigten Defizite werden abschließend die wesentlichen Anforderungen an zukünftige Fertigungssysteme abgeleitet.

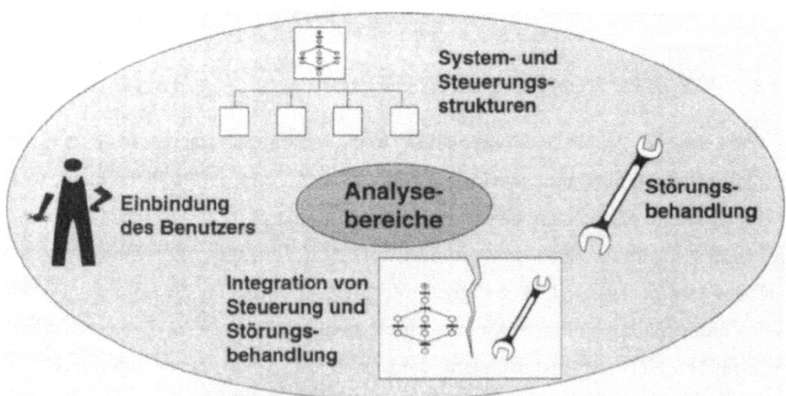

Bild 3-1: Bereiche zur Analyse herkömmlicher Ansätze

3.2 System- und Steuerungsstrukturen

Die Verfügbarkeit eines Fertigungssystemes hängt in hohem Maße von der System-
und Steuerungsstruktur ab. Im folgenden sollen sowohl zentralistisch geprägte System-
und Steuerungsstrukturen, die bisher am häufigsten anzutreffen sind, als auch stärker
dezentrale Ansätze auf ihre Defizite untersucht werden. Darüber hinaus wird zwischen
allgemeinen Defiziten sowie speziellen Defiziten der Ansätze auf Leit-, Zellen- und
Steuerungsebene unterschieden.

Neben den bekannten Vorzügen zentraler Steuerungskonzepte, etwa hinsichtlich der
Verfolgung globaler Ziele eines Gesamtsystems, lassen sich verschiedene Defizite
allgemein formulieren. Zentralistische Ansätze sind dadurch gekennzeichnet, daß zwar
dezentral gearbeitet wird, aber alle Entscheidungskompetenzen bei zentralen Instanzen
liegen. Die Güte der zentral getroffenen Entscheidungen hängt direkt von der Qualität
der vorliegenden Informationen ab. Durch den Aufbau spezifischer Verbindungen
zwischen der anordnenden bzw. steuerndern Instanz und den ausführenden Instanzen
entstehen direkte Abhängigkeiten. Störungen oder Ausfälle einer zentralen Steuerungs-
instanz können alle unterstellten Ebenen blockieren und funktionsunfähig machen.
Zentrale Steuerungsansätze sind durch einen hohen Grad an Determinismus gekennzeichnet. Einerseits können Abläufe gut geplant werden, andererseits besteht aber
wenig Flexibilität bei auftretenden Störungen. Den angesteuerten Komponenten oder
Teilsystemen werden keine Freiheitsgrade bei der Ausführung von Anordnungen
gewährt; dezentral vorhandene Intelligenz bleibt dadurch ungenutzt. Zentralistisch
ausgerichtete Ablaufbeschreibungen sind zudem in hohem Maße von der Anlagen-
konfiguration abhängig. Aufgrund des hohen Aufwands, den eine Änderung der
Konfiguration - z. B. bei der Einbindung zusätzlicher Komponenten - nach sich ziehen
würde, werden zentralistische Steuerungskonzepte schnell zum Hemmnis von Veränderungen und "zementieren" bestehende Fertigungsstrukturen (*Lange 1993, S. 24*).

Zentrale Leitsysteme in flexiblen Fertigungssystemen beschränken den Planungs-
horizont der untergeordneten Zellenrechner auf die jeweilige Produktionszelle. Die
aktuellen, detaillierten Zustands-Informationen, die in den Zellen vorliegen, können
aus Gründen des Übertragungs- und Verarbeitungsaufwandes nicht in die Leitsysteme
übertragen werden. Im Rahmen der zellenübergreifenden Planung und Optimierung
der Auftragsbehandlung bleiben diese Informationen damit ungenutzt.

Die Zellenrechner in flexiblen Produktionszellen legen die Aktionen und das Zusammenspiel der Zellenkomponenten exakt fest; die zunehmende Komponentenintelligenz bleibt ungenutzt. Eine in vielen Fällen sinnvolle dezentrale Störungsbehandlung kann aufgrund fehlender Kompetenzen und Entscheidungsfreiräume nicht durchgeführt werden. Darüber hinaus erfordert jede veränderte oder neue Komponente, z. B. ein Sensor zu Überwachungszwecken, eine Veränderung der Ablaufnetze.

Innerhalb der Zellenkomponenten werden ebenfalls zentral ausgerichtete Steuerungsarchitekturen eingesetzt. Durch den zukünftig fortschreitenden Einsatz von Sensorik und Überwachungssystemen in Werkzeugmaschinen besteht laut *Westkämper (1993, S. 16)* die Gefahr eines "Überflusses" an zentral zu verarbeitenden Informationen, der von herkömmlichen NC-Steuerungen nicht mehr erfolgreich bewältigt werden kann. Zudem werden in den NC-Maschinen Programme ausgeführt, die im Fertigungsvorfeld ohne Berücksichtigung des aktuellen Maschinenzustands entstehen *(Westkämper 1993, S. 15)*. Die Schnittstellen zwischen den Zellenkomponenten werden in der Regel individuell gestaltet und sind dementsprechend aufwendig und fehleranfällig. So erfolgt z. B. in vielen Fällen ein direkter gegenseitiger Zugriff auf steuerungsinterne Informationen zur Verriegelung von Aktionen, die nicht gleichzeitig stattfinden dürfen.

Bei der Analyse der dezentralen Steuerungskonzepte muß berücksichtigt werden, daß diese in der Regel noch nicht in die Praxis umgesetzt worden sind und dementsprechend nur konzeptionelle Defizite aufgezeigt werden können. Zu den allgemeinen Defiziten vieler dezentraler Ansätze, zu denen auch die in der VKI (Kap. 2.6) entwickelten Lösungen zu zählen sind, gehört die unzureichende Berücksichtigung logistischer Zielgrößen. Zudem sind die Ansätze durch einen hohen Kommunikationsaufwand zwischen den verschiedenen Einheiten gekennzeichnet.

Ein wesentlicher positiver Aspekt des von *Tönshoff u. a. (1995)* vorgeschlagenen Ansatzes ist die konsequente Dezentralisierung der Verantwortung für die Belegungsplanung in die autonomen Einheiten. Es muß allerdings berücksichtigt werden, daß die dezentrale fertigungsbegleitende Simulation zur Ermittlung zukünftiger Belegungssituationen mit einem kontinuierlich hohen Kommunikations- und Rechenaufwand verbunden ist.

Auch *Reinhart & Pischeltsrieder (1995)* nutzen dezentrale Kompetenzen und Informationen der dezentralen autonomen Einheiten für die Erstellung von Einplanungsvorschlägen. Die operative Abhängigkeit der dezentralen Instanzen von den zentralen Koordinierungsinstanzen kann allerdings zu den bereits im Zusammenhang mit zentralen Strukturen beschriebenen Problemen führen.

Beim Konzept von *Iwata u. a. (1993)* wird die Flexibilität und Störungstoleranz nur auf Kosten der Produktivität erreicht. Der dezentrale Ansatz in der Leitebene von *Ahluwalia (1991)* zeichnet sich durch eine geringe Störungstoleranz aus, die aus der starken Abhängigkeit der dezentralen Elemente voneinander resultiert. Der konsequent dezentrale Ansatz zur Steuerung von Produktionszellen von *Duffie u. a. (1988)* ist durch einen völlig fehlenden Determinismus gekennzeichnet, der weder die Planbarkeit oder Vorhersagbarkeit der Abläufe, noch die Berücksichtigung globaler Ziele ermöglicht.

3.3 Störungsbehandlung

Die allgemeinen Defizite der Ansätze zur Störungsbehandlung resultieren zu einem guten Teil daraus, daß in Anlehnung an die zentralistischen System- und Steuerungsstrukturen auch zentrale Funktionen zur Störungsbehandlung eingesetzt werden. Anstelle einer dezentralen Störungsbehandlung am Ursprungsort werden die relevanten Informationen also meist an eine zentrale Instanz übertragen. Durch die zunehmende Vielfalt der zu verarbeitenden Informationen wird die Beschreibung der zentralen Mechanismen zur Störungsbehandlung immer aufwendiger. Zudem besteht die Gefahr der Überlastung zentraler Funktionen, die auf eintretende Störungen nicht mehr innerhalb der erforderlichen Zeit reagieren können. Durch die Zentralisierung von Informationen, Wissen zur Störungsbehandlung und Entscheidungskompetenz bleiben dezentrale Möglichkeiten und Potentiale ungenutzt *(Duffie u. a. 1988, S. 316)*. Teilweise werden dezentrale Möglichkeiten zur Störungsbehandlung in zentralistischen Konzepten sogar bewußt ausgeschlossen *(Fischer 1990, S. 119)*. Für jede überwachte Komponente ist zudem eine große Menge an komponentenspezifischem Wissen erforderlich. Darüber hinaus sind für jede Komponente jeweils spezifische Informationen für die Störungsbehandlung relevant.

Während die Erkennung und Lokalisierung von Störungen in manchen Fällen schon automatisiert erfolgt, kann die Störungsbehebung aufgrund der Defizite der Integration von Steuerung und Störungsbehandlung nur in den seltensten Fällen selbständig erfolgen (Bild 3-2).

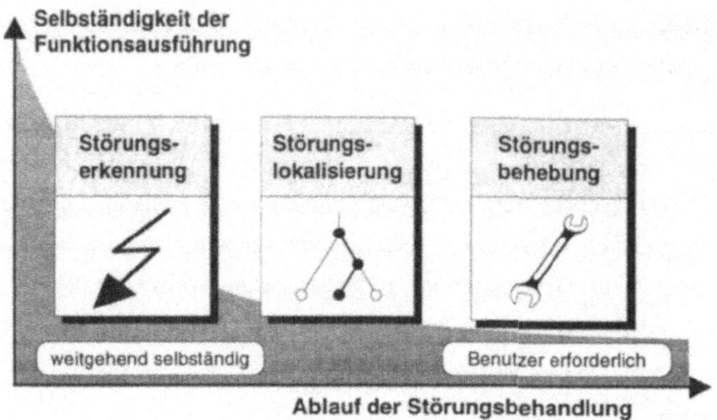

Bild 3-2: Analyse der Störungsbehandlungsphasen im Hinblick auf die Selbständigkeit

Bei nahezu allen Ansätzen sind daher umfangreiche Benutzereingriffe zur Unterstützung der Störungsbehandlung erforderlich. Die fehlende Leistungsfähigkeit der Ansätze äußert sich zudem häufig in der Tatsache, daß bei größeren Störungen eine Wiederinbetriebnahme der gestörten Systeme nur mittels eines Abbruchs der betroffenen Aktionen und der Reinitialisierung der entsprechenden Teilsysteme möglich ist.

Neben den genannten allgemeinen Defiziten sollen im folgenden speziell die Defizite der unterschiedlichen Ansätze auf Leit-, Zellen- und Steuerungsebene aufgezeigt werden. Die in der Leitebene eingesetzten Umplanungsmechanismen und -strategien zur Störungsbehandlung können die aktuelle Situation in den betroffenen Zellen nur unvollständig und mit Verzögerung berücksichtigen, da nur verdichtete Informationen zur Verfügung stehen, die zudem erst übertragen werden müssen. Die Folge sind teilweise suboptimale Entscheidungen, die zwar der globalen Zielsetzung, aber nicht der aktuellen Situation in den Zellen gerecht werden. Die für den Einsatz in einer spezifischen Produktionszelle entwickelten Ansätze zur Diagnose hängen in der Regel direkt von der Zellenkonfiguration ab und können aufgrund der fehlenden Standardisierung nur unter hohem Aufwand auf andere Zellen übertragen werden. Die Ansätze zur Störungsbehandlung in Komponentensteuerungen sind durch ein sehr hohes Maß an Individualität geprägt. Vielfach werden diese aufwendigen Mechanismen von den Maschinenherstellern speziell im Hinblick auf die Wünsche eines Kunden entwickelt und sind nicht auf andere Anwendungen übertragbar.

3.4 Integration von Steuerung und Störungsbehandlung

Zusätzlich zu den bereits geschilderten Defiziten der Ansätze zur Steuerung und Störungsbehandlung resultieren insbesondere aus ihrer Integration viele weitere Probleme. Wegen der Dominanz zentralistischer Konzepte werden vor allem diese Konzepte im folgenden untersucht.

Eine wesentliche Ursache für die genannten Defizite ist die Tatsache, daß bei der Entwicklung von Steuerungssystemen die Problematik der Störungsbehandlung bisher in vielen Fällen nicht berücksichtigt worden ist. Steuerungssysteme wurden praktisch unter der Annahme entwickelt, daß keine Fehler oder Störungen auftreten. Die nachträgliche Integration von Mechanismen zur Störungsbehandlung bringt dann unweigerlich Probleme mit sich, die in erster Linie auf die wachsende Komplexität zurückzuführen sind *(Milberg & Koch 1993, S. 148)*. Angesichts der wesentlichen Bedeutung der Komplexität für die folgende Analyse soll hier zunächst eine systemtechnische Definition der Komplexität erfolgen.

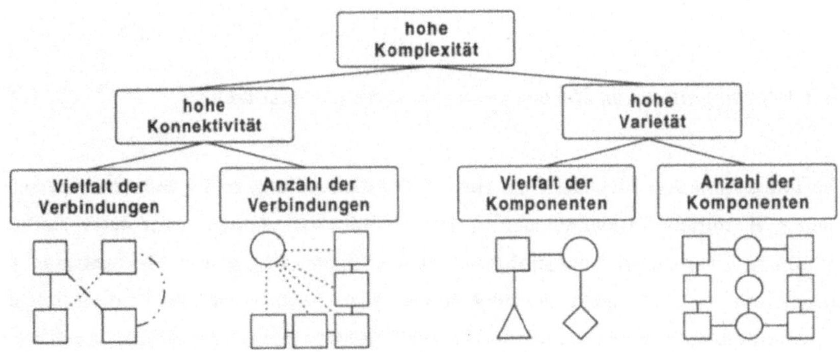

Bild 3-3: Ursachen hoher Komplexität von Systemen

Die Komplexität eines Systems, das aus Elementen und deren Verknüpfungen besteht, wird von der Vielfalt und Anzahl der Beziehungen (Konnektivität) sowie der Vielfalt und Anzahl der Elemente (Varietät) im System bestimmt *(Patzak 1982, S. 22)*. In Bild 3-3 sind die verschiedenen Ursachen hoher Komplexität von Systemen dargestellt.

Für die Integration der Störungsbehandlung in Steuerungssysteme gibt es grundsätzlich zwei verschiedene Möglichkeiten (Bild 3-4), die hinsichtlich ihrer Effektivität vergleichbar sind. Zum einen können die Mechanismen zur Störungsbehandlung in die Ablaufbeschreibung der bereits bestehenden Steuerungssysteme eingebunden, zum anderen können separate Systeme zur Störungsbehandlung eingesetzt werden. Diese zwei Möglichkeiten sollen im folgenden analysiert und bewertet werden.

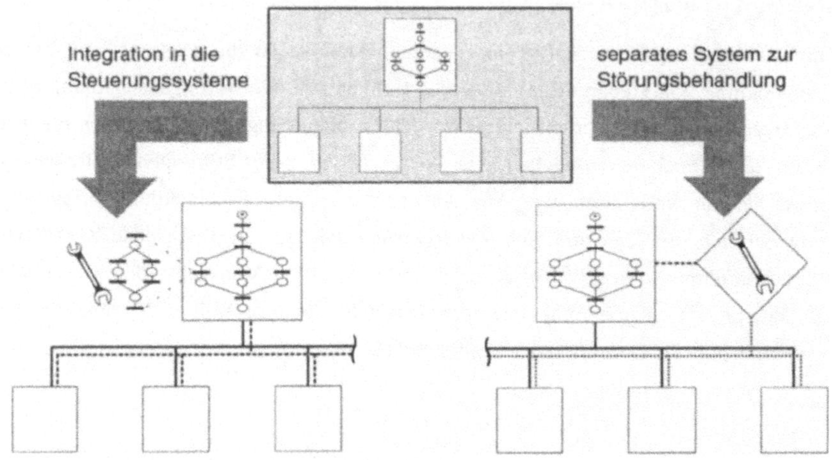

Bild 3-4: Integration von Mechanismen zur Störungsbehandlung

Die Integration von Mechanismen zur Störungsbehandlung in die Steuerungssysteme kann z. B. mittels Verzweigungen in den Ablaufbeschreibungen oder durch Berücksichtigung zusätzlicher Sensorinformationen erfolgen. Mit jedem Mechanismus zur Behandlung von Störungen, der eingebunden wird, wächst aber die Komplexität der Steuerungsabläufe immer stärker und ist letztlich nicht mehr beherrschbar. Auch wenn die reine steuerungstechnische Beschreibung der Abläufe noch relativ konfigurationsunabhängig ist, resultieren aus der Integration der Funktionen zur Störungsbehandlung sehr konfigurationsspezifische Lösungen, die kaum auf andere Anlagen übertragen werden können und bei Änderungen der Konfiguration großen Anpassungsaufwand erfordern. Durch die zusätzliche Störungsbehandlungs- und Schnittstellenfunktionalität werden die zentralen Einheiten immer komplexer. Zudem wird es immer schwieriger, die Vielzahl und Vielfalt der relevanten Informationen innerhalb der erforderlichen Zeit zu verarbeiten. Die notwendige Erweiterung der Schnittstellen zwischen der zentralen Steuerungseinheit und den Komponenten führt zu immer aufwendigeren und spezifischeren Verbindungen, da insbesondere für die Störungsbehandlung detaillierte Informationen übertragen werden müssen. Angesichts dieser Aspekte muß die in herkömmlichen Ansätzen *(Groha 1988, S. 38, Sommer 1992, S. 40)* angestrebte detaillierte Übertragung von Informationen aus Zellenkomponenten in zentrale Zellenrechner sowie die direkte Einbindung der von Sensorik und Überwachungssystemen gelieferten Informationen in die zentralistisch geprägten Ablaufbeschreibungen als sehr problematisch angesehen werden.

Die Integration separater Systeme zur Störungsbehandlung erfordert den Aufbau zusätzlicher Schnittstellen und Verbindungen im Steuerungssystem, die sich gravierend von den vorhandenen unterscheiden. In vielen Fällen sind diese Schnittstellen auch stark komponentenspezifisch *(Schönecker 1992)*. Zudem stellt sich die Koordination zwischen Steuerung und Störungsbehandlung als schwierig heraus. In den Systemen zur Störungsbehandlung werden deshalb zum Teil zusätzliche Ablaufsteuerungen eingesetzt *(Schönecker 1992)*. Im Hinblick auf die Komplexität der Gesamtsysteme stellen die Systeme zur Störungsbehandlung zusätzliche, anders geartete Systeme dar, die die Varietät der Systemkomponenten stark erhöhen. Darüber hinaus erhöht sich die Konnektivität durch die wachsende Anzahl und Vielfalt der Verbindungen.

Insgesamt gesehen resultiert also aus beiden geschilderten Möglichkeiten zur Integration von Steuerung und Störungsbehandlung eine stark ansteigende Komplexität der Gesamtsysteme. Die wachsende Komplexität verursacht eine geringere Verfügbarkeit. Die momentan vorherrschende Praxis der nachträglichen Integration von Störungsbehandlungsfunktionen in bestehende Steuerungssysteme führt damit zu Lösungen, die weder hinsichtlich des erforderlichen Aufwandes noch hinsichtlich ihrer Leistungsfähigkeit überzeugen können. Störungstoleranz kann also nur sehr bedingt in Strukturen integriert werden, die vornehmlich im Hinblick auf störungsfreie Abläufe entwickelt worden sind *(Milberg & Koch 1993, S. 148)*.

3.5   Einbindung des Benutzers im Rahmen der Steuerung und Störungsbehandlung

Die fehlende Standardisierung der Bedienung von Einzelmaschinen und verketteten Anlagen erschwert die Arbeit der Benutzer. Darüber hinaus wird der Benutzer durch herkömmliche Ansätze nicht gut genug bei seinen Aufgaben unterstützt. Je größer und komplexer die Systeme und Abläufe werden, desto schwerer wiegt dieses Defizit *(Weck & Hummels 1993, S. 158)*. So ist z. B. in Fertigungszellen das Zusammenspiel der verschiedenen Komponenten für den Benutzer nur unter großem Aufwand nachvollziehbar. Diese ungenügende Transparenz der Steuerungs- und Störungsbehandlungsvorgänge erschwert dem Benutzer die Beherrschung der Systeme.

Im Hinblick auf die Behandlung auftretender Störungen sind vor allem die unzureichenden, nicht aussagekräftigen Störungsmeldungen zu nennen *(Weck & Hummels 1993, S. 160)*. Darüber hinaus sind aber auch die Fähigkeiten der Benutzer zur Störungsbehandlung nur unzureichend in den Systemen berücksichtigt. Aus beiden genannten Aspekten muß auf eine mangelhafte Unterstützung des Benutzers bei der Behandlung von Störungen geschlossen werden. In Kombination mit dem enormen Zeitdruck, unter dem die Benutzeraktionen zur Störungsbehebung stattfinden müssen, führt dies zu einer hohen Belastung und Streßsituationen für die Benutzer *(Willeke 1992, S. 11)*.

3.6   Zusammenfassung und Ableitung von Anforderungen

Die wesentlichen Defizite der bestehenden Ansätze zur Steuerung und Störungsbehandlung in der flexiblen Fertigung sind in Bild 3-5 zusammenfassend dargestellt. Dezentrale Kompetenz oder dezentral vorhandene Informationen bleiben in den zumeist zentralistischen Strukturen ungenutzt. Die wachsende Komplexität der Systeme führt zu einer sinkenden Verfügbarkeit. Ansätze zur Störungsbehandlung werden in der Regel nachträglich und unter hohem Aufwand in die Steuerungsstrukturen integriert. Wegen der fehlenden Störungstoleranz der Systeme sind umfangreiche Benutzereingriffe zur Behandlung auftretender Störungen notwendig. Gleichzeitig werden die Benutzer im Hinblick auf die Steuerung und Störungsbehandlung nur unzureichend unterstützt. Insgesamt gesehen führen diese Defizite in den Bereichen System- und Steuerungsstrukturen, Störungsbehandlung, Integration von Steuerung und Störungsbehandlung sowie Einbindung des Benutzers im Rahmen der Steuerung und Störungsbehandlung dazu, daß ein mannarmer Betrieb der bestehenden Systeme nicht möglich ist.

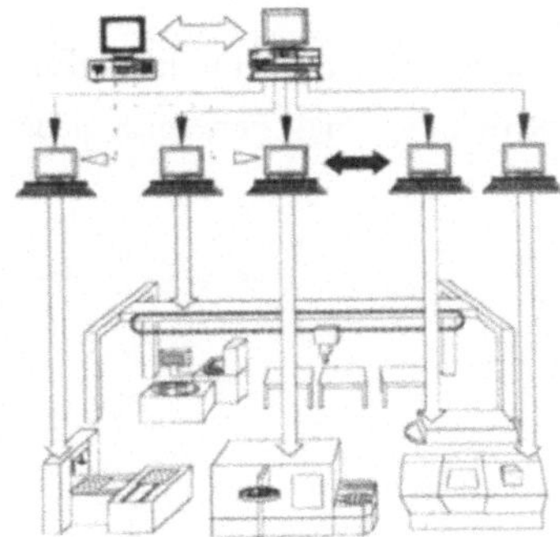

Bild 3-5: Wesentliche Defizite der bestehenden Ansätze

Ausgehend von den genannten Defiziten der bestehenden Ansätze können die wesentlichen Anforderungen an zukünftige Fertigungssysteme aufgestellt werden. Die Anforderungen spiegeln auch die Tatsache wider, daß Fertigungssysteme aus Gründen der Wirtschaftlichkeit in Zukunft vermehrt in mannarmen Schichten genutzt werden sollen:

• Reduzierte Systemkomplexität ohne verminderte Funktionalität der Systeme.

• Hohe Verfügbarkeit der Komponenten und Teilsysteme sowie des Gesamtsystems.

• Weitgehende Unabhängigkeit von menschlichen Eingriffen bei der Aufgabenausführung - insbesondere auch bei auftretenden Störungen - zur Entlastung des Benutzers.

• Optimale Unterstützung des Benutzers und verbesserte Beherrschbarkeit der Systeme durch den Benutzer insbesondere bei Störungsbehandlungen, die nicht selbständig vom System durchgeführt werden können.

• Integrierbarkeit von Komponenten, die hinsichtlich ihrer Fähigkeiten und ihres Automatisierungsgrades in hohem Maße heterogen sind. (Diese Anforderung ist vor dem Hintergrund der Migration von heutigen zu zukünftigen Systemen zu sehen.)

Weitere Anforderungen ergeben sich aus den Veränderungen der Wettbewerbssituation von Produktionsunternehmen:

- Größere Einsatz- und Produktflexibilität im Hinblick auf die wachsende Modellvielfalt der Produkte und die sinkende Bedeutung der Massenmärkte.

- Größere Anpaßflexibilität im Hinblick auf die kürzer werdenden Produktlebenszyklen sowie den Zeitwettbewerb bei der Entwicklung und Fertigung neuer Produkte.

4 Grundlagen für die Gestaltung autonomer Systeme in der Fertigung

4.1 Übersicht

Ausgehend von den aufgezeigten Defiziten bestehender Ansätze zur Steuerung und Störungsbehandlung sowie den wachsenden Anforderungen besteht eine zwingende Notwendigkeit, flexible Fertigungskonzepte weiter zu entwickeln. Hierfür erweist sich die Autonomie als ein ausgezeichnetes Leitbild, da sie die Entwicklung von Systemen erlaubt, die auf der Basis beherrschter Komplexität eine hohe Verfügbarkeit gewährleisten *(Milberg & Eder 1993, Milberg & Koch 1993)*.

In diesem Kapitel werden die Grundlagen für die Gestaltung autonomer Systeme in der Fertigung geschaffen, die eine erfolgreiche Umsetzung des Leitbildes Autonomie ermöglichen. Diese allgemeinen Grundlagen beziehen sich sowohl auf einzelne Fertigungszellen als auch auf ganze Fertigungssysteme. Zunächst wird geklärt, was der Begriff Autonomie im Hinblick auf die Fertigung bedeutet, d. h. die wesentlichen Aspekte der Autonomie werden definiert. Es folgt die Ermittlung der verschiedenen Einflüsse auf die Autonomie eines Systems. Anschließend wird gezeigt, wie autonome Systeme zu gestalten sind, d. h. es wird eine systematische Vorgehensweise für die Gestaltung autonomer Systeme erarbeitet. Abschließend wird diese Vorgehensweise zur grundlegenden Gestaltung autonomer Fertigungssysteme eingesetzt.

4.2 Aspekte der Autonomie

4.2.1 Übersicht

Die Autonomie ist im Bereich der flexiblen Fertigung unter anderen Gesichtspunkten zu betrachten als z. B. in der Luft- und Raumfahrt, da sich die Einsatzbedingungen autonomer Systeme zum Teil erheblich unterscheiden. Die Fertigungsumgebung ist in aller Regel klar strukturiert und die zu erfüllenden Aufgaben können eindeutig beschrieben werden. Zudem steht in der Fertigung die Wirtschaftlichkeit der Systeme im Vordergrund. Fertigungsanlagen sollen möglichst produktiv sein, eine lange Lebensdauer aufweisen und in vielfältigen Anwendungen flexibel einsetzbar sein. Die Systeme werden nicht nur von den Systementwicklern oder hochqualifizierten Experten, sondern auch von vergleichsweise geringer qualifizierten oder angelernten Kräften bedient. Zusätzlich zur Überwachung und Steuerung der Systeme nimmt der Benutzer auch Aufgaben wahr, die die Aktivitäten des Systems ergänzen oder unterstützen.

Ausgehend von diesen gravierenden Unterschieden ist es nicht zielführend, die bestehenden, in Kap. 2.5.2 vorgestellten Definitionen des Begriffes Autonomie unverändert auf den Bereich der Fertigung zu übertragen. Aus diesem Grund werden im Rahmen dieser Arbeit die wesentlichen Aspekte der Autonomie im Hinblick auf die Fertigung erarbeitet. Diese Aspekte gelten sowohl für eine einzelne Fertigungszelle als auch für ein ganzes Fertigungssystem. Gemäß der Zielsetzung der Arbeit beziehen sich die meisten Erläuterungen auf Fertigungszellen.

Der Begriff der Autonomie umfaßt technische, organisatorische und personelle Aspekte (Bild 4-1). Die vorliegende Arbeit setzt sich insbesondere mit den technischen und personellen Aspekten der Autonomie intensiv auseinander. Die hier entwickelten technischen und personellen Ansätze zur Autonomie dürfen jedoch nie losgelöst von den korrespondierenden organisatorischen Ansätzen gesehen werden. So ist z. B. die rein technische Autonomie einer Fertigungseinheit nicht zielführend - erst in Verbindung mit der organisatorischen Autonomie ergeben sich wesentliche Vorteile.

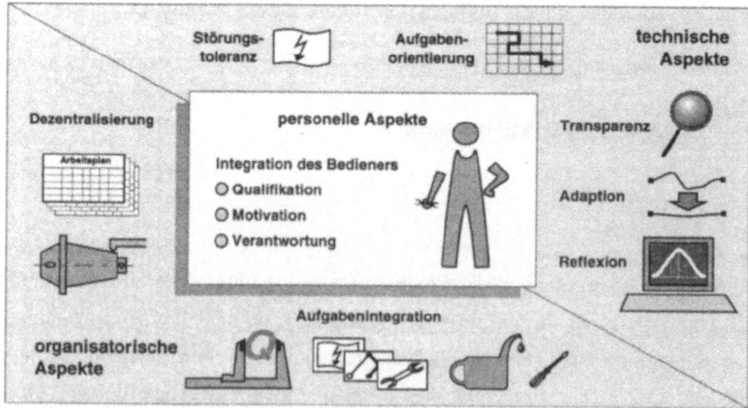

Bild 4-1: Technische und organisatorisch/personelle Aspekte der Autonomie

4.2.2 Technische Aspekte der Autonomie

Die technische Sicht der Autonomie im Bereich der Fertigung kann anhand von fünf
wesentlichen Aspekten charakterisiert werden. Es handelt sich um die Aspekte
Störungstoleranz, Aufgabenorientierung, Transparenz, Adaption und *Reflexion* (Bild
4-1) *(Koch 1994, S. 17)*.

Unter *Störungstoleranz* wird die Erfüllung vorgegebener Aufgaben - trotz auftretender
Störungen im System oder der Umgebung - innerhalb begrenzter Zeitintervalle ohne
menschliche Eingriffe verstanden. Gleichzeitig beinhaltet Störungstoleranz, daß auch
unsichere oder unvollständige Informationen erfolgreich verarbeitet werden können.

Aufgabenorientierung bedeutet die Auflösung und Verarbeitung aufgabenbezogener
Zielvorgaben sowie die selbständige Ausführung der Aufgaben auf der Basis dezen-
traler Freiheitsgrade und Kompetenzen ohne menschliche Eingriffe. Eine Aufgabe, die
Freiheitsgrade bei der Planung und Ausführung ermöglicht, steht damit im Gegensatz
zu der in herkömmlichen Systemen verwendeten Anordnung, die der ausführenden
Einheit keinen Spielraum läßt.

Transparenz bezeichnet die kontinuierliche Beobachtbarkeit der Systemaktionen und
der auftretenden Ereignisse sowie die Nachvollziehbarkeit der im System getroffenen
Entscheidungen im Sinne einer Erklärungsfähigkeit (vgl. *Antsaklis u. a. 1990, S. 24)*.
Zudem ermöglicht die Transparenz es dem Benutzer, jederzeit im Sinne seiner
ultimativen Kompetenz in das System einzugreifen und es zu beeinflussen. Die
Transparenz ist von entscheidender Bedeutung für die Akzeptanz der Benutzer
gegenüber autonomen Systemen. Ist die Transparenz nicht gegeben, so kann das in
psychologischer Hinsicht extrem wichtige Gefühl der Beherrschbarkeit der Systeme
schnell verloren gehen. Aus Sicherheitsgründen darf die Darstellung des
Systemzustandes nicht geschönt sein, aufgetretene Störungen sind in jedem Fall
anzuzeigen.

Adaption steht für die selbständige Anpassung eines Systems an Veränderungen in
bezug auf die Vorgaben, die Ziele, die Umgebung und das System an sich. Eine
selbständige Adaption kann z. B. im Falle einer Änderung der Systemkonfiguration
oder des Auftragsspektrums notwendig werden.

Der Aspekt *Reflexion* kennzeichnet die Fähigkeit eines Systems, die eigenen Verhaltensweisen und Aktionen zu beobachten und zu bewerten, um die eigene Aufgabenerfüllung selbständig verbessern zu können. Die Reflexion bildet damit die Basis für eine Lernfähigkeit der Systeme.

Die genannten technischen Aspekte der Autonomie sind weder voneinander unabhängig noch als vollständig anzusehen, sondern sollten entsprechend zukünftiger Entwicklungen und Anforderungen ergänzt werden.

4.2.3   Organisatorische Aspekte der Autonomie

Im Hinblick auf die organisatorischen Aspekte der Autonomie sind vor allem die *Dezentralisierung* sowie die *Aufgabenintegration* von Bedeutung (Bild 4-1).

Im Rahmen einer fortschreitenden *Dezentralisierung* wird es in zukünftigen Fertigungssystemen möglich sein, Arbeitspläne und NC-Programme situations- und anforderungsgerecht auf der Basis lokal vorhandener Funktionen zur Arbeitsplanung und NC-Programmierung zu erstellen. Die Integration dieser Funktionen in die Fertigungssysteme sowie die damit verbundene Steigerung der Planungseffizienz bildet die Grundlage einer ausgeprägten Aufgabenorientierung der Systeme. Zur Aufgabenbeschreibung sind neben logistischen nur noch geometrische, technologische und qualitätsrelevante - bzw. funktionale - Angaben erforderlich (vgl. auch *Kreutzfeldt & Schmidt 1992, S. 55, Witte 1990, S. 191*).

Eine autonome Einheit muß die ihr übertragenen Aufgaben ganzheitlich und zuver-lässig erfüllen. Im Sinne einer *Aufgabenintegration* in den Fertigungszellen müssen zusätzlich zur reinen Bearbeitung also auch Aufgaben übernommen werden, die die Qualität der Bearbeitung sicherstellen und z. B. die Wartung und Instandhaltung sowie die Behandlung von Störungen umfassen.

Aus der Dezentralisierung und Aufgabenintegration ergibt sich eine vertikale und eine horizontale Einbindung von Aufgaben und Funktionen in die autonomen Einheiten (Bild 4-2). Durch diese Integration werden in autonomen Einheiten, z. B. Fertigungs-zellen, operative und dispositive Freiheitsgrade geschaffen, die etwa zur Reaktion auf unvorhergesehene Ereignisse oder zur Optimierung der Auftragsbehandlung eingesetzt werden können (*Kreimeier 1987, S. 20ff*).

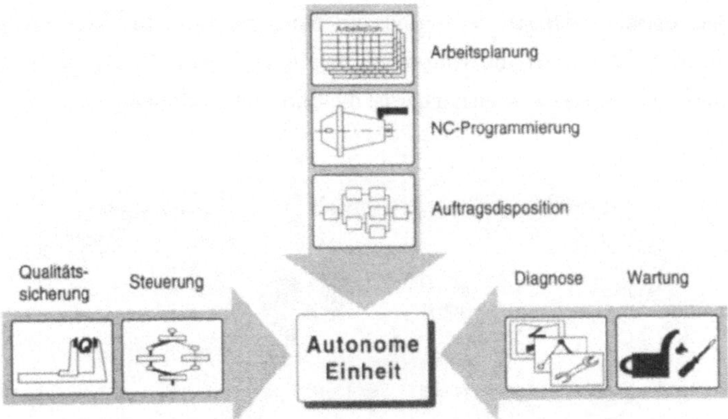

Bild 4-2: Horizontale und vertikale Aufgaben- und Funktionsintegration

4.2.4 Personelle Aspekte der Autonomie

In autonomen Systemen gibt es neben den selbständig ablaufenden Prozessen auch Aufgaben, die ausschließlich vom Benutzer wahrgenommen werden. So wird der Benutzer z. B. mittelfristig für die Arbeitsplanung und NC-Programmierung in autonomen Fertigungszellen verantwortlich sein. In diesem Sinne ist der Benutzer also auch im autonomen System ein integraler Bestandteil und die *Integration des Benutzers* ein wesentlicher Aspekt der Autonomie. Die Rolle des Benutzers sowie die Anforderungen, die an den Benutzer gestellt werden, verändern sich allerdings in autonomen Systemen gegenüber herkömmlichen Systemen (Bild 4-3).

In herkömmlichen Systemen ist der Benutzer direkt in den Prozeßregelkreis eingebunden und übt regelmäßig steuernden Einfluß auf den Prozeß aus. In autonomen Systemen ist er dagegen nur mittelbar an der Regelung der selbständig ablaufenden Prozesse beteiligt. Er kann zwar mittels der Variation von Parametern die Entscheidungsfindung beeinflussen oder direkt steuernd eingreifen, jedoch wird dies nur in größeren Zeitabständen oder in besonderen Situationen der Fall sein. Zielsetzung ist es aber nicht, möglichst alles zu automatisieren, um den Benutzer unnötig zu machen. Statt dessen sollen die automatisierten Funktionen mit so hoher Güte autonom beherrscht werden, daß der Benutzer insbesondere von Routinetätigkeiten optimal entlastet wird und die Notwendigkeit von Benutzereingriffen minimiert wird. Je weiter die Umsetzung der technischen Aspekte der Autonomie fortgeschritten ist, desto weitreichender ist die Entlastung des Benutzers.

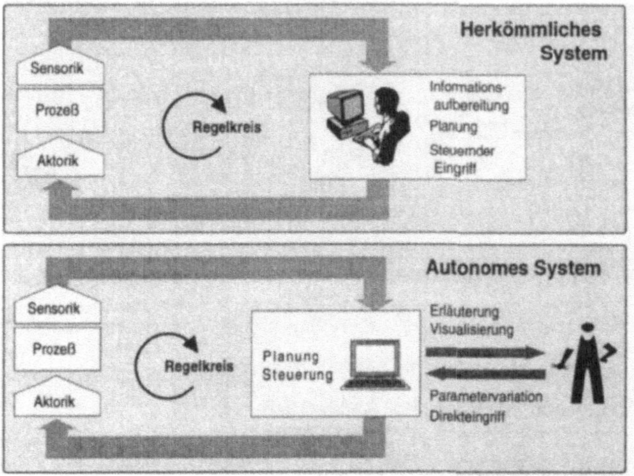

Bild 4-3: Rolle des Benutzers in herkömmlichen und autonomen Systemen

Gleichzeitig übernimmt der Benutzer die Aufgaben, die nicht selbständig ausgeführt werden können, z. B. Arbeitsplanung, oder dürfen, z. B. spezielle Störungsbehandlungen, und kooperiert mit den autonomen Teilfunktionen. Der Benutzer kann also die Umsetzung der technischen Autonomieaspekte, z. B. Aufgabenorientierung und Störungstoleranz, unterstützen. Dabei muß aber beachtet werden, daß Aktionen des Benutzers, die gegenüber den autonomen Teilsystemen nicht entsprechend dokumentiert werden, zu Störungen der selbständig ablaufenden Prozesse führen können. Der Grund dafür ist die entstehende Divergenz zwischen dem Abbild der Realität im autonomen System und der realen Situation, die vom Benutzer beeinflußt wurde.

Aus den beschriebenen organisatorischen Aspekten resultieren zusätzliche personelle Auswirkungen der Autonomie. Für den Benutzer in einer autonomen Einheit bedeuten die Aspekte Dezentralisierung und Aufgabenintegration, daß er im Sinne eines "job enrichment" ein erweitertes Aufgabenspektrum beherrschen muß. Eine Voraussetzung für die erfolgreiche Umsetzung der Dezentralisierung und Aufgabenintegration ist die Förderung und Unterstützung einer entsprechenden Lern- und Verantwortungsbereitschaft der Mitarbeiter. Korrespondierend zur zusätzlichen Verantwortung des Benutzers aufgrund seiner erweiterten Aufgabeninhalte müssen ihm auch erweiterte Befugnisse gegeben werden, um Entscheidungen zu fällen, die sein Aufgabengebiet betreffen *(Milberg & Koch 1993, S. 157)*.

4.3 Einflußfaktoren auf die Autonomie eines Systems

Eine zielgerichtete Gestaltung autonomer Systeme ist nur unter Berücksichtigung der vielen verschiedenen Faktoren möglich, die die Autonomie beeinflussen. Die im Rahmen dieser Arbeit ermittelten Einflußfaktoren, die die Umsetzbarkeit der verschiedenen Aspekte der Autonomie beeinflussen, werden hier vorgestellt. Sie können in innere, d. h. systeminterne, und äußere, d. h. systemexterne Einflußfaktoren strukturiert werden. Darüber hinaus gibt es zu den äußeren Einflüssen korrespondierende Fähigkeiten der Systeme, die die Systemautonomie beeinflussen (Bild 4-4).

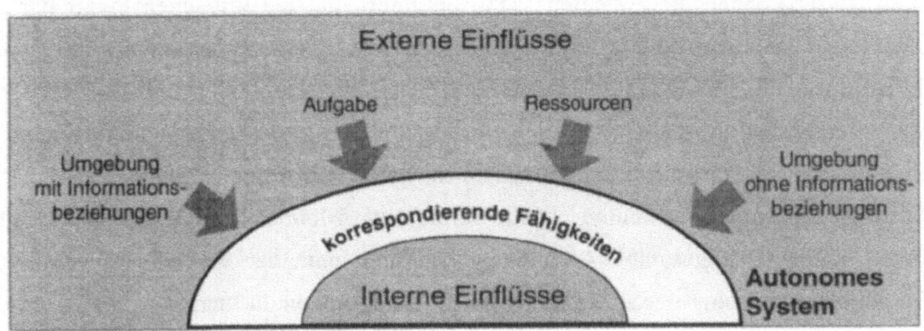

Bild 4-4: Einflußfaktoren auf die Autonomie eines Systems

Im folgenden werden zunächst die inneren Einflußfaktoren behandelt. Für die Autonomie spielt die im System zentral oder dezentral vorhandene Intelligenz eine entscheidende Rolle. Intelligenz soll hier als die Fähigkeit zur zielgerichteten Verarbeitung von Wissen und Informationen verstanden werden. Dazu gehören die Aufnahme, Validierung und Strukturierung sowie die Nutzung von Wissen und Informationen für

Entscheidungen und deren Durchsetzung. Neben der Intelligenz hat die Architektur des Systems, also die Aufbau- und Ablauforganisation, großen Einfluß auf die Systemautonomie. Zudem bilden die in einem autonomen System verfügbaren Freiheitsgrade und die Fähigkeit zu deren Nutzung die Voraussetzung für aufgabenorientierte Vorgehensweisen sowie störungsbehandelnde Maßnahmen. Die grundlegende Voraussetzung für die Autonomie ist zudem eine hohe Verfügbarkeit der Komponenten.

Die äußeren Einflußfaktoren werden unterteilt in die Aufgabe, die das System zu erfüllen hat, in die Umgebung, zu der Informationsbeziehungen bestehen, in die Umgebung, zu der keine Informationsbeziehungen bestehen, und in die Abhängigkeiten von externen Ressourcen (Bild 4-4). In Tab. 4-1 sind die externen Einflüsse und die korrespondierenden Fähigkeiten autonomer Systeme zusammenfassend dargestellt.

Die einzelnen Einflüsse im Bereich "Aufgabe" können anhand der verschiedenen Phasen der Aufgabenbehandlung in autonomen Systemen abgeleitet werden (Bild 4-5). In der ersten Phase müssen auf der Basis der erhaltenen Aufgabenbeschreibung sichere und durchführbare Pläne erzeugt werden. In einem zweiten Schritt sind diese Pläne zu validieren, also z. B. mittels einer Simulation auf Durchführbarkeit zu überprüfen. Gleichzeitig können die erstellten Pläne optimiert und die kritischen Parameter zur Steuerung und Überwachung ermittelt werden. Die Beherrschbarkeit der Aufgabendurchführung ist im regelungstechnischen Sinne von der Beobachtbarkeit und der Steuerbarkeit des Prozesses abhängig. Im Anschluß an die Aufgabenausführung sollte das autonome System in einer letzten Phase eine Bewertung vornehmen, die z. B. Hinweise auf eine notwendige Verbesserung der Modelle und Planungsmethoden geben kann. Die gesamte Aufgabenbehandlung und der erreichbare Grad der Aufgabenorientierung des Systems wird von der Komplexität und dem Spektrum der durchzuführenden Aufgaben beeinflußt.

Externer Einfluß	Korrespondierende Fähigkeiten
Aufgabe	
Beschreibungsgüte (Klarheit, Vollständigkeit)	Beschreibungsinterpretation
Schwierigkeitsgrad, Durchführbarkeit	Planung, Aufgabenzerlegung
Beherrschbarkeit (Beobachtbarkeit, Steuerbarkeit)	Informationsaufnahme, Steuerung
Aufgabenspektrum, -vielfalt	flexible Aufgabendurchführung
Umgebung mit Informationsbeziehung	**(inkl. Benutzer)**
Externe Informationsbereitstellung (Form, Detaillierung)	Meldungsinterpretation
Konsistenz der Vorgaben übergeordneter Systeme	Vorgabeneinhaltung, Zielerfüllung
Kooperationsbereitschaft oder Konkurrenzverhalten gleichgestellter Systeme	Kooperation, Wettbewerb
Aufgabenerfüllung untergeordneter Systeme	Aufgabendelegierung
Umgebung ohne Informationsbeziehungen	
Struktur	Beobachtung, Modellierung
Unsicherheit, Veränderlichkeit	Beobachtung, Reaktion
Verhalten ext. Systeme (deterministisch/chaot.)	Verhaltensbeobachtung
Ressourcen	
Werkstücke, Energie, Betriebsstoffe	Speicherung
Engpaß-Betriebsmittel (BM)	Anforderung von BM

Tab. 4-1: Externe Einflüsse und korrespondierende Fähigkeiten autonomer Systeme

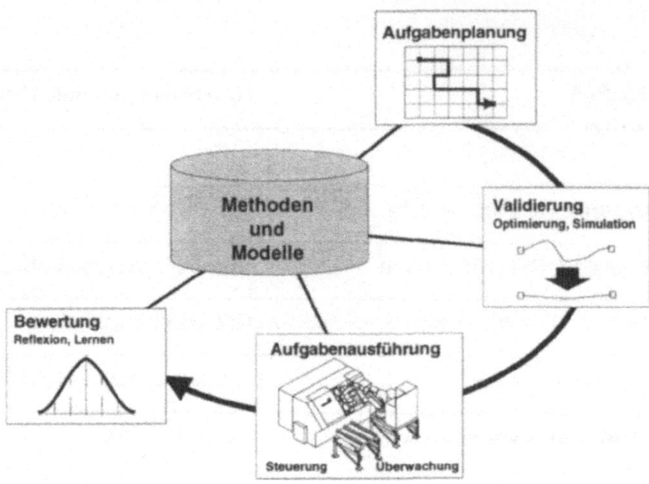

Bild 4-5: Aufgabenbehandlung in autonomen Systemen

Der Bereich "Umgebung" kann weiter in die Umgebung mit Informationsbeziehungen strukturiert werden, z. B. ein übergeordnetes System, das Aufgaben verteilt, und die Umgebung ohne Informationsbeziehungen, z. B. eine Palette, die den Weg eines autonomen Fahrzeuges versperrt. Die Interaktion mit der Umgebung wird zum einen durch das Eigenverhalten des autonomen Systems und zum anderen durch das Fremd-verhalten externer Systeme beeinflußt. Externe Systeme können Aufgaben und Vorgaben erteilen, mit dem autonomen System kooperieren oder konkurrieren sowie Aufgaben und Vorgaben des autonomen Systems entgegennehmen. Bestehen keine Informationsbeziehungen zur Umgebung, so beeinflußt vor allem deren Struktur und Veränderlichkeit das autonome System. Bei der autonomen Aufgabenausführung ist es von entscheidender Bedeutung, ob das autonome System die gleichbleibende Struktur der Umgebung kennt oder ob es mit möglicherweise gefährlichen dynamischen Veränderungen rechnen muß.

Der Bereich Ressourcen umfaßt zwei Einflüsse sowie korrespondierende Fähigkeiten. Die Fähigkeiten zur Zwischenspeicherung von Ressourcen, wie z. B. Rohmaterialien, bearbeitete Werkstücke, Energie und Betriebsstoffe, sowie zur Anforderung von Engpaß-Betriebsmitteln, die von mehreren autonomen Einheiten genutzt werden, stellen eine Grundvoraussetzung für einen autonomen Systembetrieb dar. Unter

Betriebsmitteln sollen in diesem Zusammenhang Fertigungs-, sowie Meß- und Prüfmittel verstanden werden.

Angesichts der Vielfalt der externen Einflüsse auf die Autonomie eines Systems besteht ein erheblicher Bedarf zur Entwicklung der in Tab. 4.1 aufgeführten korrespondierenden Fähigkeiten. In der vorliegenden Arbeit sollen allerdings die inneren Einflüsse auf die Autonomie eines Systems angesichts ihrer grundlegenden Bedeutung für die Gestaltung autonomer Systeme im Vordergrund stehen.

4.4 Systematisches Vorgehen für die Gestaltung autonomer Systeme

4.4.1 Übersicht

Im vorliegenden Kapitel werden die Grundlagen für ein systematisches Vorgehen zur Gestaltung autonomer Systeme geschaffen. Die Notwendigkeit für ein solches Vorgehen ergibt sich zum ersten aus der vorab beschriebenen Vielfalt der Einflüsse auf die Autonomie eines Systems, zum zweiten aus den in Kap. 3 erarbeiteten Defiziten bestehender Ansätze sowie zum dritten aus den in Kap. 1.1 beschriebenen Zielkonflikten bezüglich der Entwicklung autonomer Systeme.

Ausgehend von den Grundlagen der Systementwicklung, die aus dem Bereich des Systems-Engineering stammen, wird ein Vorgehensmodell zur systematischen Gestaltung autonomer Systeme erarbeitet. Anschließend wird auf die Aspekte eingegangen, die in den verschiedenen Designphasen zu berücksichtigen sind.

4.4.2 Vorgehensmodell

Im Bereich des Systems-Engineering werden für die systematische Entwicklung von Systemen grundsätzlich die Phasen Analyse, Design und Implementierung vorgeschlagen *(Raasch 1991, S. 412)*. In Abhängigkeit vom gewählten Vorgehens-modell, z. B. "Prototyping-Ansatz", können diese Phasen auch mehrfach durchlaufen werden *(Haberfellner u. a. 1992, S. 63)*. Innerhalb jeder Phase können verschiedene

Werkzeuge und Methoden zum Einsatz kommen, wie z. B. die "Objektorientierte Analyse" oder das "Objektorientierte Design" *(Martin 1993).* In der Designphase erfolgt typischerweise eine stufenweise Auflösung des Systems im Sinne eines "Top Down"-Entwurfes (Bild 4-6) *(Haberfellner u. a., 1992, S. 32).*

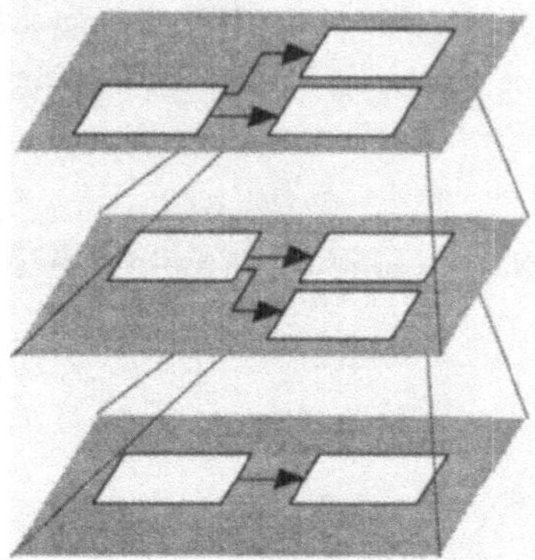

Bild 4-6: Stufenweise Auflösung eines Systems (Haberfellner u. a., 1992, S. 32)

In Anlehnung an diese allgemeine Vorgehensweise resultiert das in Bild 4-7 dargestellte systematische Vorgehen zur Gestaltung autonomer Systeme in der Fertigung. In einer Analysephase müssen zunächst die steuerungstechnischen Aufgaben im System untersucht werden. Darauf aufbauend wird die Designphase in die zwei Schritte "Aufgabenorientierte Modularisierung" und "Verteilung der Steuerungskompetenz" unterteilt. Im Rahmen der aufgabenorientierten Modularisierung wird die Aufbauorganisation des Systems festgelegt, d. h. es werden Module und Modulverbindungen aufgebaut. Die Definition von Modulen und Modulverbindungen muß dabei im Sinne des Autonomie-Aspektes der "Aufgabenorientierung" erfolgen, d. h. jedes Modul sollte ein möglichst homogenes Spektrum an Aufgaben selbständig erfüllen können. Anschließend ist durch die Verteilung der Steuerungskompetenz die Ablauforganisation im System festzulegen. Im Hinblick auf die Steuerungsstruktur eines Systems muß zum einen der Grad der Dezentralisierung von Funktionen zur Infomationsverarbeitung und Steuerung bestimmt werden. Zum anderen ist das Verhalten und das Zusammenspiel der Module zu beschreiben. Abschließend kann die Implementierung des Systems erfolgen.

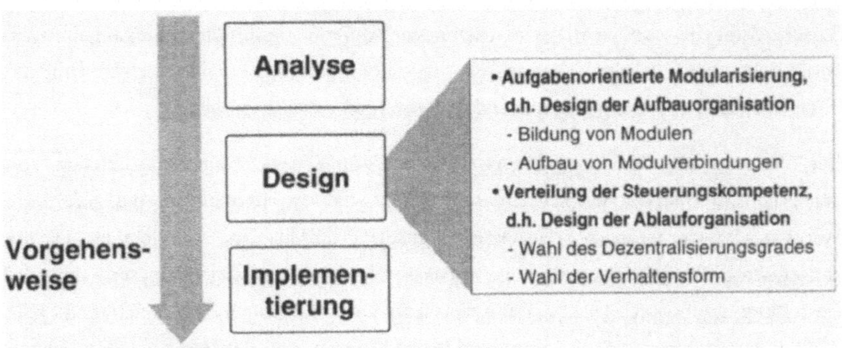

Bild 4-7: Systematisches Vorgehen zur Gestaltung autonomer Systeme

Angesichts der besonderen Bedeutung der zwei Designphasen "Aufgabenorientierte Modularisierung" und "Verteilung der Steuerungskompetenz" soll im folgenden vertiefend auf die Aspekte eingegangen werden, die im Rahmen dieser Phasen zu berücksichtigen sind.

4.4.3 Designaspekte der aufgabenorientierten Modularisierung

Wesentliche Aspekte im Hinblick auf die aufgabenorientierte Modularisierung, d. h. die Bildung von Modulen und Modulverbindungen, sind die Reduzierung der Komplexität sowie die Vermeidung der modulübergreifenden Ausbreitung von Fehlern.

Der Aspekt des Systemdesigns, Systeme möglichst einfach zu gestalten, wird von *Kirchhoff (1989, S. 521)* auch als "KISS"-Konzept ("keep it simple and stupid") bezeichnet. Zur Verringerung der Varietät ist auf einen einheitlichen, generischen Aufbau der Module zu achten. Zudem ist eine Homogenität der Funktionen in den Modulen anzustreben. Die Notwendigkeit, heterogene Funktionen in ein Modul zu integrieren, läßt sich durch die Gestaltung einer einheitlichen Schnittstelle der Module nach außen kompensieren. So kann gleichzeitig die Komplexität eines Moduls nach außen hin "versteckt" bzw. gekapselt werden *(Raasch 1991)*. Zur Verringerung der Konnektivität müssen die Verbindungen zwischen Modulen möglichst einfach und einheitlich gestaltet werden. Die Dezentralisierung von Informationsverarbeitung und

Entscheidungsfindung, auf die im folgenden Kapitel detaillierter eingegangen wird, ermöglicht ebenfalls eine Verringerung der Konnektivität, da nur noch verdichtete Informationen in größeren Zeitabständen übertragen werden müssen.

Der Verringerung der Komplexität steht vor allem der zunehmende Einsatz von Sensorik und Überwachungssystemen entgegen, die im Hinblick auf die geforderte Störungstoleranz autonomer Systeme eingesetzt werden. Um so wichtiger ist die konsequente Berücksichtigung des Aspekts der Komplexitätsverringerung bei der Gestaltung autonomer Systeme, da in der Regel jede zusätzliche Komponente und jede zusätzliche Verbindung die Komplexität und damit die Ausfallwahrscheinlichkeit eines Systems erhöht (vgl. *Boge u. a. 1993, S. 423*).

Im Hinblick auf die Bildung der Modulverbindungen ist vor allem der Aspekt der Fehlerausbreitung zu berücksichtigen. Entgegen der herkömmlichen Annahme beim Entwurf von Steuerungssystemen, daß alle Module perfekt funktionieren werden, muß von der Prämisse ausgegangen werden, daß jedes Modul gestört sein kann *(Duffie u. a. 1988, S. 321)*. Deshalb sind die Abhängigkeiten zwischen verschiedenen Modulen durch eine konsequente Entkopplung auf ein Mindestmaß zu reduzieren. So sollte sich z. B. kein Modul auf die Kooperationswilligkeit oder eine spezifische Reaktionszeit anderer Module verlassen. Zeitweilige Kommunikationsverbindungen zwischen Modulen sind so spät wie möglich aufzubauen und so früh wie möglich wieder zu beenden *(Duffie u. a. 1988, S. 317)*. Zudem sind im Sinne des "Lokalitätsprinzips" Störungen so nah wie möglich am Entstehungsort zu behandeln, um eine mögliche modulübergreifende Fehlerausbreitung zu vermeiden.

4.4.4   Designaspekte der Verteilung der Steuerungskompetenz

Wesentliche Aspekte im Hinblick auf die Verteilung der Steuerungskompetenz, d. h. die Wahl des Dezentralisierungsgrades und der Verhaltensformen, sind die dezentrale Informationsverarbeitung, die dezentrale Entscheidungskompetenz, die Beeinfluß-barkeit des Verhaltens sowie die Auslegung im Hinblick auf reaktives oder deterministisches Verhalten der Module.

Angesichts der besonderen Bedeutung der Störungsbehandlung für autonome Systeme muß bei der Wahl eines geeigneten Dezentralisierungsgrades neben den Steuerungsfunktionen immer auch der Aspekt der Störungsbehandlung berücksichtigt werden, denn für die geforderte Störungstoleranz autonomer Systeme werden, wie bereits erwähnt, verstärkt Sensorik und Überwachungssysteme eingesetzt. Die dadurch wachsende Menge dezentral anfallender Informationen erfordert auch eine dezentrale Informationsverarbeitung, da zentrale Instanzen mit der Verarbeitung der resultierenden Informationsflut überfordert wären. Auch das zur Informationsverarbeitung erforderliche Wissen muß dezentral vorhanden sein. Aufbauend auf der dezentralen Informationsverarbeitung können dezentrale Module ihr Verhalten und Handeln unter Berücksichtigung der vorliegenden Gesamtsituation im System selbständig bestimmen. Dazu muß dezentrale Entscheidungskompetenz zur Nutzung operativer und dispositiver Freiheitsgrade für die Aufgabenausführung und Störungsbehandlung gewährt werden. Dezentrale Entscheidungskompetenz bildet eine wesentliche Voraussetzung für autonomes Verhalten. Gleichzeitig ist im Sinne der Aspekte der Autonomie die Transparenz der ablaufenden Aktionen und eine Beeinflußbarkeit des Verhaltens zu gewährleisten. Die Entscheidungsfindung und damit das Verhalten einer autonomen Einheit muß über Vorgaben jederzeit von außen beeinflußbar sein. Es ist also beim Design der autonomen Module zu berücksichtigen, daß diese neben der Verfolgung lokaler Ziele auch globalen Zielen, die von außen vorgegeben sind, gerecht werden müssen. So kann z. B. durch eine geeignete, an der globalen Strategie orientierte Gewichtung der unter Umständen konkurrierenden Zielgrößen die Erfüllung globaler Ziele sichergestellt werden.

Im Hinblick auf das Zusammenspiel mehrerer Module bedeutet Dezentralisierung eine Stärkung des horizontalen und eine Verringerung des vertikalen Informationsflusses. In zu stark verteilten Systemen besteht allerdings die Gefahr, daß der Aufwand zur Abstimmung und Koordination zwischen den Modulen sehr groß wird. Weitere zu berücksichtigende Aspekte sind zum einen, daß die Leistungsfähigkeit eines zentralistischen Konzepts immer durch die Geschwindigkeit der Informationsverarbeitung in der zentralen Instanz begrenzt wird. In einem dezentralen Ansatz kann dagegen eine parallele Informationsverarbeitung erfolgen. Zum anderen verursacht Dezentralisierung aber auch höhere Kosten, da verschiedene Funktionen in mehreren Modulen, d. h. redundant, vorhanden sind.

Angesichts der Vielzahl der Aspekte, die bei der Wahl eines geeigneten Dezentralisierungsgrades zu berücksichtigen sind, kann zumindest derzeit keine allgemein gültige Lösung hinsichtlich des "richtigen" Dezentralisierungsgrades für autonome Systeme formuliert werden, sondern immer nur spezifisch entschieden werden. Gleichzeitig wird offensichtlich, daß erheblicher Bedarf für grundlegende Untersuchungen der Frage "Zentralismus versus Dezentralisierung" besteht.

Ein weiterer Aspekt, der beim Design autonomer Systeme berücksichtigt werden muß, ist die Wahl einer geeigneten Verhaltensform. Es kann zwischen reaktivem und deterministischem Verhalten unterschieden werden. Je unbestimmter die Aufgabe oder die Umgebung einer autonomen Einheit sind, desto reaktiver sollte ihr Verhalten sein. Je klarer und vorherbestimmter die Aufgabe ist, desto deterministischer können die Abläufe bei der Durchführung der Aufgaben sein. Dabei muß berücksichtigt werden, daß einer guten Reaktionsfähigkeit auf Störungen, die entsprechende Freiräume und Freiheitsgrade voraussetzt, die geforderte Planbarkeit und Optimierung der Abläufe, d. h. der Wunsch nach Determinismus, entgegensteht.

4.4.5   Zusammenfassung der Designaspekte

Die in den beiden vorangegangenen Kapiteln beschriebenen Designaspekte sind in Tabelle 4.2 zusammenfassend dargestellt.

Designphase	Designaspekte
Aufgabenorientierte Modularisierung	Reduzierung der Komplexität
	Vermeidung der modulübergreifenden Fehlerausbreitung
Verteilung der Steuerungskompetenz	Dezentrale Informationsverarbeitung
	Dezentrale Entscheidungskompetenz
	Beeinflußbarkeit des Verhaltens
	Reaktion versus Determinismus

Tab. 4-2: Zusammenfassung der Designaspekte autonomer Systeme

4.5 Autonome Fertigungssysteme

4.5.1 Übersicht

Das vorrangige Ziel dieser Arbeit ist die Entwicklung eines Konzepts zur störungstoleranten Steuerung autonomer Fertigungszellen. Zunächst sind allerdings nach dem Prinzip eines top-down Entwurfes die Rahmenbedingungen für zukünftige autonome Fertigungszellen zu ermitteln. In diesem Sinne wird im vorliegenden Kapitel die entwickelte systematische Vorgehensweise zur grundlegenden Gestaltung autonomer Fertigungssysteme genutzt. Zunächst werden aufbauend auf der Analyse der steuerungstechnischen Aufgaben in autonomen Fertigungssystemen aufgabenorientierte Module gebildet. Anschließend werden verschiedene Möglichkeiten der Verteilung der Steuerungskompetenz in autonomen Fertigungssystemen dargestellt, die die Basis der Entwicklung von Konzepten für autonome Fertigungszellen bilden. Dabei steht ein Szenario einer konsequent dezentralen Auftragsbehandlung im Vordergrund.

4.5.2 Analyse der steuerungstechnischen Aufgaben

Die steuerungstechnischen Aufgaben in autonomen Fertigungssystemen können aus dem vergleichbaren Aufgabenspektrum in Flexiblen Fertigungssystemen abgeleitet werden. Die Kernaufgabe ist die Planung und Steuerung der Auftragsbehandlung im Fertigungssystem. Im störungsfreien Ablauf bedeutet dies die Generierung von Auftragsverteilungen entsprechend der vorgegebenen logistischen Zielgrößen Auslastung, Bestände, Durchlaufzeit und Termintreue. Im Falle auftretender Störungen müssen dispositive Freiheitsgrade, z. B. zur Umverteilung der Aufträge oder zur Erhöhung der Kapazitäten, genutzt werden *(Kupec 1991, Simon 1995)*. Auch der Materialfluß in Fertigungssystemen, d. h. der Transport von Werkstücken und Betriebsmitteln, muß gesteuert werden. Dieser Aspekt der Steuerung steht hier aber nicht im Vordergrund und soll deshalb nicht weiter vertieft werden.

4.5.3   Aufgabenorientierte Modularisierung

4.5.3.1   Grundlagen

Die Bildung von Modulen sowie der Aufbau von Modulverbindungen in autonomen Fertigungssystemen orientiert sich an den in Kap. 4.4.3 entwickelten Designaspekten für die Gestaltung autonomer Systeme. Autonome und Flexible Fertigungssysteme besitzen die gleichen Bestandteile und die gleiche Grundstruktur. Im Vergleich zu herkömmlichen Ansätzen werden in autonomen Fertigungssystemen stärker verteilte Strukturen gebildet, die aus gleichberechtigten autonomen Modulen, wie z. B. Fertigungszellen und Fahrzeugen bzw. Materialflußkomponenten, bestehen (Bild 4-8).

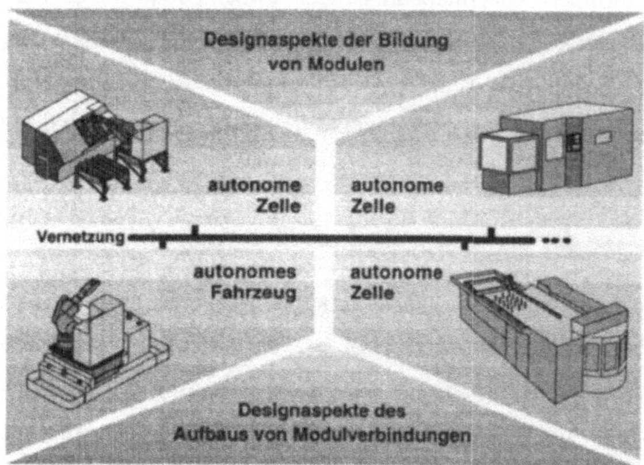

Bild 4-8: Aufgabenorientierte Modularisierung in autonomen Fertigungssystemen

Zur Vermeidung einer modulübergreifenden Ausbreitung von Fehlern werden die autonomen Module konsequent voneinander entkoppelt. Das wesentliche Modul bzw. Element in autonomen Fertigungssystemen sind die autonomen Fertigungszellen, die im folgenden genauer beschrieben werden.

4.5.3.2   Autonome Fertigungszellen

Die Bildung autonomer Fertigungszellen orientiert sich direkt an den bestehenden flexiblen Fertigungszellen. Im Hinblick auf die Aufgabenorientierung müssen in den

Zellen verschiedene Funktionen so zusammengefaßt werden, daß sie ein eingegrenztes Aufgabenspektrum möglichst selbständig und störungstolerant bearbeiten können. Wesentlich ist demnach, daß im Sinne der Aufgabenintegration auch Qualitätssicherungs- und Diagnoseaufgaben in den Zellen, d. h. dezentral, wahrgenommen werden. Die dazu benötigten Informationen, Hilfsmittel und Werkzeuge müssen in den Zellen zur Verfügung stehen. Außerdem sollten alle Bestandteile in den Zellen vorhanden sein, die einen autonomen Betrieb für die Dauer mehrerer Aufträge ermöglichen. Zum einen sind entsprechende Puffer für Werkzeuge und Werkstücke erforderlich. Zum anderen sollte es im Sinne der Entkopplung der Zellen, d. h. zur Vermeidung möglicher Fehlerausbreitungen, möglichst wenig Ressourcen geben, die von mehreren Zellen benötigt werden.

Zur Verringerung der Varietät in autonomen Fertigungssystemen ist auf eine möglichst große Einheitlichkeit der Schnittstellen der autonomen Fertigungszellen nach außen zu achten. Auf diese Art und Weise kann auch die unterschiedliche Funktionalität der autonomen Fertigungszellen kompensiert werden. Zudem sind zur Verringerung der Konnektivität die Verbindungen zwischen den autonomen Fertigungszellen einheitlich zu halten. Auf diese Aspekte der Verringerung der Komplexität wird in Kap. 5 noch genauer eingegangen.

Hinsichtlich der Frage, ob autonome Fertigungszellen Ein- oder Mehrmaschinenzellen sein sollten, kann keine allgemeingültige Entscheidung gefällt werden. Die wesentlichen Kriterien, an denen sich eine Entscheidung orientieren kann, sind zum einen, ob die Zellenstruktur die Umsetzung der Autonomieaspekte, etwa der Störungstoleranz, fördert. Zum anderen sind die Kriterien relevant, die z. B. auch bei der Definition von Fertigungsinseln verwendet werden, d. h. die Strukturen sollten durch das Aufgaben- und Teilespektrum bestimmt werden. Eine Mehrmaschinenzelle kann also z. B. im Sinne vereinfachter Abläufe sinnvoll sein.

4.5.4 Verteilung der Steuerungskompetenz

4.5.4.1 Alternative Szenarien der Auftragsbehandlung

Im Hinblick auf die Verteilung der Steuerungskompetenz in autonomen Fertigungssystemen können alternative Szenarien der Auftragsbehandlung unterschieden werden, die sich hinsichtlich des Grades der Dezentralisierung unterscheiden. Ein Vergleich der Szenarien soll anhand der Anforderungen erfolgen, die an die Auftragsbehandlung in autonomen Fertigungssystemen gestellt werden. Zusätzlich zu den in Kap. 3.6 genannten allgemeinen Anforderungen werden spezielle Anforderungen an die Auftragsbehandlung in zukünftigen Fertigungssystemen gestellt. Zum einen muß das Prinzip der Auftragsbehandlung die verschiedenen Aspekte der Autonomie unterstützen. Zum anderen darf Autonomie - und hier insbesondere Störungstoleranz - nicht auf Kosten der logistischen Zielgrößen erreicht werden. Drei denkbare Szenarien der Auftragsbehandlung sind in Bild 4-9 dargestellt.

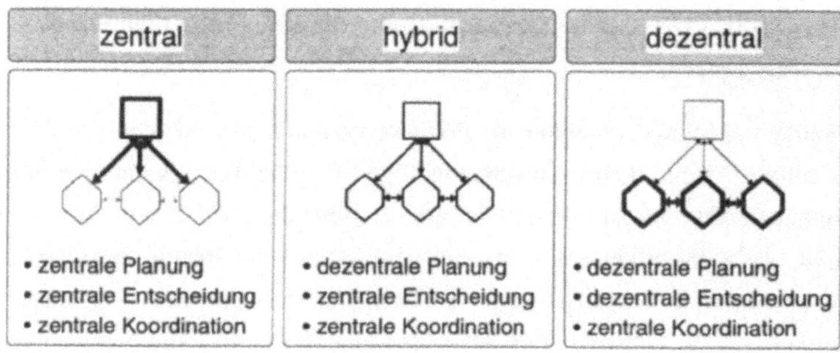

Bild 4-9: Szenarien der Auftragsbehandlung

Ein Beispiel für ein zentral ausgerichtetes Szenario der Auftragsbehandlung ist das in Kap. 2.3.2 beschriebene Leitsystemkonzept von *Kupec (1991)* bzw. *Simon (1995)*. Zur Bewertung des zentralen Szenarios kann gesagt werden, daß sich entsprechende Ansätze insofern bewährt haben, als sie in der betrieblichen Praxis eingesetzt werden. Im Hinblick auf die Autonomie weisen sie jedoch zum Teil erhebliche Defizite auf, die in Kap. 3.2 aufgezeigt wurden.

Neben diesem streng zentralen Szenario ist auch ein stärker dezentrales, hier hybrid genanntes Szenario vorstellbar, in dem eine zentrale Instanz auf der Basis dezentraler Planungen entscheidet und koordiniert *(Reinhart & Pischeltsrieder 1995)*. Ein positiver Aspekt des hybriden Szenarios ist die Nutzung dezentraler Kompetenzen und Informationen zur Erstellung von Einplanungsvorschlägen. Die operative Abhängigkeit der dezentralen Instanzen von der zentralen Koordinierungsinstanz kann allerdings zu den in Kap. 3.2 beschriebenen Problemen führen.

Um die Probleme des zentralen und des hybriden Szenarios zu vermeiden, muß das wesentliche Merkmal eines konsequent dezentralen Szenarios sein, daß dezentral, d. h. in den autonomen Fertigungszellen, nicht nur geplant, sondern im Sinne dezentraler Entscheidungskompetenz auch entschieden wird. Gleichzeitig ist eine zentrale Koordination zur Beeinflussung des Verhaltens autonomer Fertigungszellen im Hinblick auf die Erfüllung globaler Ziele notwendig. Bisher sind zwar viele Ansätze bekannt, die in diese Richtung gehen, aber es existiert noch kein dezentrales Konzept, das alle Anforderungen zufriedenstellend erfüllt. Im folgenden wird deshalb ein grobes Szenario für eine konsequent dezentrale Auftragsbehandlung vorgestellt, das im Rahmen dieser Arbeit entwickelt wurde.

4.5.4.2 Dezentrales Szenario der Auftragsbehandlung

In Fertigungssystemen sind die Bearbeitungsfunktionen auf verschiedene Fertigungszellen verteilt. In Anlehnung an diese natürliche Verteilung der Funktionen zur Bearbeitung werden auch die Funktionen zur Planung der Auftragsbehandlung dezentralisiert (vgl. *Hahndel & Levi 1994, S. 250)*. Es besteht also keine operative Abhängigkeit von einer übergeordneten, steuernden Instanz. Im Gegensatz zum zentralen und zum hybriden Szenario wird die Interaktion der autonomen Einheiten also nicht durch ein zentrales Steuerungssystem festgelegt, sondern durch das kooperative Verhalten der Einheiten auf der Basis gemeinsamer Ziele bestimmt. So können sich die autonomen Einheiten z. B. durch den Austausch von Informationen und Ressourcen gegenseitig bei der Bearbeitung von Aufträgen unterstützen *(Milberg & Koch 1993, S. 153)*.

Die Forderungen nach einem hohen Maß an Selbständigkeit bei der zelleninternen Auftragsbehandlung einerseits sowie einer ausgeprägten Kooperation der Zellen im

Rahmen der zellenübergreifenden Auftragsbehandlung andererseits führen zu einem Widerspruch, der aufgelöst werden muß. Zum einen sollen die Zellen ihre Freiheitsgrade und dezentrale Entscheidungskompetenz nutzen, um zu optimieren und lokalen Zielen gerecht zu werden. Das kann z. B. auch bedeuten, daß Zellen im Sinne marktorientierter Mechanismen um die Bearbeitung von Aufträgen konkurrieren. Zum anderen erfordert die Erfüllung globaler Ziele die Kooperation der Zellen. Im Rahmen der gemeinsamen Bearbeitung von Aufträgen müssen deshalb Kunden-Lieferanten-Beziehungen zwischen Zellen aufgebaut werden.

Eine Vorgehensweise aus dem Bereich der Wirtschaft, die sowohl Konkurrenz als auch Kooperation zuläßt, ist die öffentliche Ausschreibung von Aufträgen durch die öffentliche Hand, die zur Ermittlung der jeweils besten Anbieter verwendet wird *(Arndt & Rudolf 1980, S. 118)*. Dieses Prinzip, das hier als "Wettbewerbsorientierte Auftragsvergabe" bezeichnet werden soll, beinhaltet die Phasen Ausschreibung, Angebotserstellung, Auftragserteilung und Auftragsdurchführung. Die Übertragung dieses Prinzips auf die Fertigung wird im folgenden anhand eines einfachen Beispiels verdeutlicht (Bild 4-10).

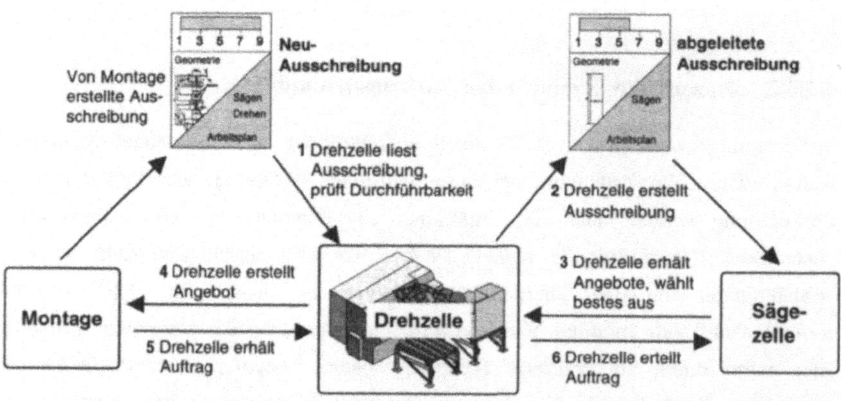

Bild 4-10: Beispiel der wettbewerbsorientierten Auftragsvergabe

Die Montage erstellt für ein benötigtes Teil eine Ausschreibung, die Informationen über die Bearbeitungen enthält, die ausgehend vom Rohteil durchzuführen sind. Darüber hinaus sind der Termin, zu dem die Fertigung beginnen soll sowie der

Zeitpunkt, zu dem die Montage das Teil benötigt, enthalten. Eine Drehzelle liest die Ausschreibung und überprüft die Durchführbarkeit des letzten Bearbeitungsschrittes "Drehen" in der Zelle. Ist die Bearbeitung sowohl technisch als auch organisatorisch, d. h. hinsichtlich der Einplanungssituation der Zelle, möglich, erstellt die Drehzelle ihrerseits eine Ausschreibung. Gegenüber der ursprünglichen Ausschreibung fehlt die Drehbearbeitung im Arbeitsplan, und es wird der Zeitpunkt angegeben, zu dem die Drehzelle das Teil benötigt. Für die neue Ausschreibung können z. B. Sägezellen ein Angebot erstellen und an die Drehzelle richten. Die Drehzelle wählt das aus ihrer Sicht beste Angebot aus und erstellt ihrerseits ein Angebot für die Montage. Erhält sie von der Montage einen Auftrag entsprechend des Angebots, kann sie ihrerseits der Sägezelle einen Auftrag erteilen. Die Phase der Planung ist damit für die Drehzelle abgeschlossen. Im Rahmen der Auftragsdurchführung erhält die Drehzelle die benötigten Teile von der Sägezelle und bearbeitet sie entsprechend ihrer Disposition. Für die Einhaltung der ausgehandelten Termine ist die Zelle selbst verantwortlich. Anschließend veranlaßt sie den Transport der Teile zum Montageort.

Die beschriebene wettbewerbsorientierte Auftragsvergabe beinhaltet die wesentlichen Eigenschaften von "Contract Nets" (*Kirn 1991, S. 16*):

- Jede Zelle besitzt einheitliche Schnittstellen nach außen.

- Es existiert kein zentrales Modul, das operativ eingreift.

- Das globale Wissen beschränkt sich auf die Kenntnis des Prinzips der Auftragsvergabe sowie der erforderlichen Kommunikationsbefehle.

- Keine Zelle besitzt Kenntnisse über das Wissen oder die Informationen der anderen Zellen im Verbund.

- Jede Zelle kann die Bearbeitung der erhaltenen Aufträge sowie die nötigen Kooperationen selbständig durchführen, ohne externe Hilfe zu benötigen.

Das beschriebene dezentrale Szenario ermöglicht somit eine komplett dezentrale Planung und Steuerung der Bearbeitung von Aufträgen. In die dezentrale Planung können die Zellen ihr aktuelles und detailliertes Wissen, z. B. über den momentanen Zustand der Zelle, einbringen. Gleichzeitig ist offensichtlich, daß auch im dezentralen Szenario eine zentrale Instanz erforderlich ist, die zum einen durch die Vergabe sinnvoller Vorgaben an die Zellen die globale Zielerfüllung sicherstellt. Zum anderen ist diese Instanz für Entscheidungen zuständig, die nur zentral getroffen werden können. Dazu gehören unter anderem die Erweiterung der Kapazitäten in Abhängigkeit von der Auftragssituation, z. B. indem das autonome Fertigungssystem in einer zusätzlichen Schicht betrieben wird, oder die Erweiterung der vorhandenen Anlagen um andere Maschinen. Auch die Priorisierung und gegebenenfalls Stornierung von Aufträgen, weil neuere und wichtigere Aufträge seitens der Kunden eingetroffen sind, fällt in den Aufgabenbereich der zentralen Instanz. Gleichzeitig muß sichergestellt werden, daß keine operative Abhängigkeit der Zellen von der zentralen Instanz besteht, so daß zumindest kurzzeitige Ausfälle dieser Instanz keine negativen Folgen für das Gesamtsystem haben.

Offensichtlich existiert kein Szenario der Auftragsbehandlung, das allen Anforderungen in jeder Situation optimal gerecht wird. Die Vielfalt der existierenden Ansätze und Lösungen spiegelt diese Tatsache wider. In der vorliegenden Arbeit kann nur ein grobes Szenario für eine dezentral gesteuerte Auftragsbehandlung in autonomen Fertigungssystemen entworfen werden. Im Rahmen zukünftiger Forschungsarbeiten sollte dagegen ein durchgängiges, detailliertes Konzept für eine konsequent dezentrale Auftragsbehandlung in autonomen Fertigungssystemen entwickelt werden. Darauf aufbauend sind die beschriebenen Szenarien unter exakter Berücksichtigung der Transaktionskosten (vgl. *Fox 1981, S. 74*) miteinander zu vergleichen, um eine fundierte Aussage über deren Vor- und Nachteile treffen zu können.

Unabhängig von dem noch bestehenden Forschungs- und Konkretisierungsbedarf ist offensichtlich, daß das dezentrale Szenario die höchsten Anforderungen an die Funktionalität in autonomen Fertigungszellen stellt. Gleichzeitig bietet es das größte Potential hinsichtlich der angestrebten mannarmen, störungstoleranten Fertigung und der parallelen Nutzung der Kompetenz aller dezentralen Instanzen. Damit bildet dieses Szenario ein geeignetes Rahmenwerk für die Entwicklung der System- und Steuerungsstrukturen autonomer Fertigungszellen.

Autonome Fertigungssysteme sollten bereits mit heutigen Mitteln aufgebaut werden können. Es wird demnach zunächst immer Zellen geben, die nicht die volle Funktionalität der Auftragsbehandlung besitzen. Aus diesem Grund und im Hinblick auf eine Migration, d. h. den anzustrebenden schrittweisen Übergang von den bestehenden zentralen zu stärker dezentralen Ansätzen, müssen autonome Zellen in allen genannten Szenarien einsetzbar sein.

4.6   Zusammenfassung

Die Autonomie umfaßt im Bereich der Fertigung sowohl technische als auch personelle und organisatorische Aspekte, die stets in ihrem Zusammenhang gesehen werden müssen. Bei der Gestaltung autonomer Systeme sind die verschiedenen internen und externen Einflüsse auf die Autonomie zu berücksichtigen. Die anforderungsgerechte Gestaltung autonomer Systeme im Bereich der flexiblen Fertigung kann durch die entwickelte systematische Vorgehensweise unter Berücksichtigung der spezifischen Designaspekte sichergestellt werden.

Auf der Basis dieser systematischen Vorgehensweise konnte eine grundlegende Gestaltung der Aufbau- und Ablauforganisation autonomer Fertigungssysteme vorgenommen werden. Die Kernelemente der Aufbauorganisation sind aufgabenorientierte Module, die als autonome Fertigungszellen bezeichnet werden. Das vorgestellte dezentrale Szenario für die Auftragsbehandlung, d. h. die Ablauforganisation, in autonomen Fertigungssystemen bildet das Rahmenwerk für die im folgenden beschriebene Entwicklung eines Konzepts zur störungstoleranten Steuerung autonomer Fertigungszellen.

5   Konzept zur störungstoleranten Steuerung autonomer Fertigungszellen

5.1   Übersicht

Auf der Basis des dezentralen Szenarios der Auftragsbehandlung in autonomen Fertigungssystemen wird in diesem Kapitel das in dieser Arbeit entwickelte Konzept zur störungstoleranten Steuerung autonomer Fertigungszellen vorgestellt. Zunächst werden die im vorangegangenen Kapitel erarbeiteten Grundlagen für die Gestaltung autonomer Systeme in der Fertigung auf autonome Fertigungszellen angewendet. Es wird ein hierarchisches Konzept zur störungstoleranten Steuerung autonomer Fertigungszellen erarbeitet, das eine Organisations-, eine Koordinations- und eine Ausführungsebene umfaßt. Neben der ebenenübergreifenden Umsetzung der Aspekte der Autonomie werden die Konzepte der drei Ebenen umfassend dargestellt. Dabei wird insbesondere auf das Prinzip der vorgabenorientierten Auftragsdisposition in der Organisationsebene sowie der Störungsbehandlung in der Koordinationsebene detailliert eingegangen, da beiden Ansätzen eine entscheidende Bedeutung im Hinblick auf die Autonomie zukommt. Abschließend werden jeweils die Aspekte der Autonomie auf die drei genannten Ebenen projiziert.

5.2   Anforderungsprofil der Steuerung und Störungsbehandlung

Ein Großteil der Anforderungen an das zu entwickelnde Konzept zur störungstoleranten Steuerung autonomer Fertigungszellen kann direkt aus dem in Kap. 3.6 entwickelten Anforderungsprofil zukünftiger Fertigungssysteme abgeleitet werden. Darüber hinaus ergeben sich spezifische Anforderungen, die im folgenden genannt werden. Im Rahmen der Auftragsbehandlung muß eine Zelle selbständig Aufträge einplanen und die Güte ihrer Auftragsdisposition beurteilen. Dabei müssen sowohl variierende Losgrößen als auch Eilaufträge berücksichtigt werden. Während der Auftragsbearbeitung sind unterschiedliche Abläufe anzusteuern. Auf technische und organisatorische Störungen muß schnell und sicher reagiert werden.

5.3   Grundlagen des Konzepts

5.3.1   Analyse der steuerungstechnischen Aufgaben

Bei der Analyse störungsfreier Abläufe in autonomen Fertigungszellen ergeben sich drei verschiedene Kategorien steuerungstechnischer Aufgaben. Zum ersten sind dies Aufgaben, die die zellenübergreifende und zelleninterne Auftragsbehandlung umfassen. Zum zweiten muß im Rahmen der Auftragsbearbeitung das Zusammenspiel der Komponenten in der Zelle sowie die Kooperation mit zellenexternen Komponenten, z. B. Transportsystemen, koordiniert werden. Drittens müssen die Zellenkomponenten Aufgaben ausführen, die die Bearbeitung, die Handhabung oder die Vermessung der Werkstücke betreffen sowie verwaltende und vor- und nachbereitende Aufgaben (Bild 5-1).

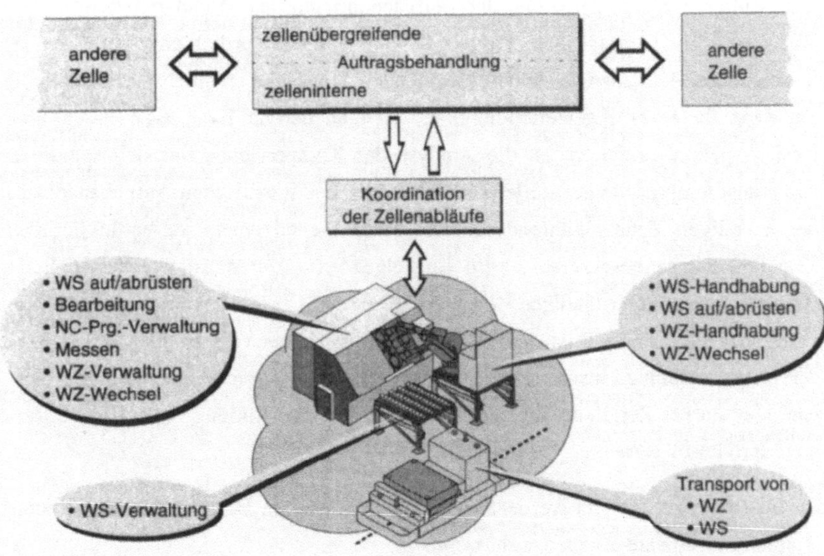

Bild 5-1: Steuerungstechnische Aufgaben in autonomen Fertigungszellen

5.3.2   Aufgabenorientierte Modularisierung

Zur Förderung der Aspekte der Autonomie wird in dieser Arbeit ein Konzept zur Bildung von Modulen in autonomen Fertigungszellen entwickelt. Die sinnvolle Strukturierung in Module, d. h. die Abbildung aller Hardware-Komponenten und ihrer Funktionen auf Module, ist für die Gestaltung autonomer Fertigungszellen von entscheidender Bedeutung. In Anlehnung an die Begrifflichkeit der "Verteilten Künstlichen Intelligenz" und der Autonomie sollen diese Module als Agenten bezeichnet werden *(Levi 1989, Müller 1993, Parunak 1988)*. In der in Bild 5-1 dargestellten Fertigungszelle können z. B. vier Agenten gebildet werden: Der Roboter, der Handhabungsfunktionen zur Verfügung stellt, die Werkzeugmaschine, die neben Bearbeitungs- und Meß- auch Verwaltungsfunktionen beinhaltet, das Transportsystem sowie eine reine Verwaltungseinheit für Werkstücke bzw. Paletten. In anderen Fällen kann eine herkömmliche Komponente unter Umständen auch durch mehrere Agenten repräsentiert werden. Im Sinne der "aufgabenorientierten Modularisierung" sind die Agenten für die Qualität ihrer Aufgabenerfüllung verantwortlich und führen die ihnen übertragenen Aufgaben auch bei auftretenden Störungen möglichst selbständig aus. Die Grundlage der Agentenbildung, die sich an den in Kap. 4.4.3 beschriebenen Designaspekten orientiert, ist die Analyse der Komponenten, die sich ständig oder zumindest temporär in der Zelle befinden, sowie des spezifischen Aufgabenspektrums der jeweiligen Zelle. Während die Designaspekte allgemein zu berücksichtigende Zusammenhänge beschreiben, wird im folgenden erläutert, in welchen Fällen die Bildung eines eigenständigen Agenten, also eines Modules in einer autonomen Fertigungszelle, sinnvoll ist. In einer Zelle gibt es immer verschiedene Möglichkeiten der Agentenbildung. Insofern muß ein sinnvoller Kompromiß gefunden werden, da eine zu starke Zergliederung der Zelle, d. h. die Bildung zu vieler Agenten, kontraproduktiv wäre.

Ein Agent sollte gebildet werden, wenn sich Vorteile im Hinblick auf die erläuterten Autonomie-Aspekte ergeben, d. h. wenn

- für den Zellenablauf wesentliche Funktionen von anderen Funktionen entkoppelt werden sollen, um die Ausbreitung von Störungen zu begrenzen,

- redundante Funktionen vorhanden sind; diese sollten sich immer in unterschiedlichen Agenten befinden,

- Funktionen gleichzeitig und unabhängig voneinander arbeiten sollen,

- die Austauschbarkeit einer Komponente besonders wichtig ist,

- ein Agent Aufgaben erfüllt, die ein hohes Potential für Planung, Überwachung und Störungsbehandlung bieten,

- eine Funktion Freiheitsgrade besitzt und diese gut genutzt werden können.

Steht ein Agent nur mit einem einzigen anderen Agenten in Kontakt, so kann dies ein Hinweis auf eine zu starke Zergliederung der Zelle in Module sein.

5.3.3   Verteilung der Steuerungskompetenz

Auch innerhalb autonomer Fertigungszellen gibt es verschiedene Möglichkeiten der Verteilung der Steuerungskompetenz zwischen einer koordinierenden Instanz und den Agenten. Der Ablauf in der Zelle und das Zusammenspiel der Agenten im Rahmen der Auftragsbehandlung kann zentral, hybrid oder dezentral geplant und gesteuert werden. Die Merkmale sowie die Vor- und Nachteile der drei verschiedenen Ansätze sind in Bild 5-2 zusammengefaßt.

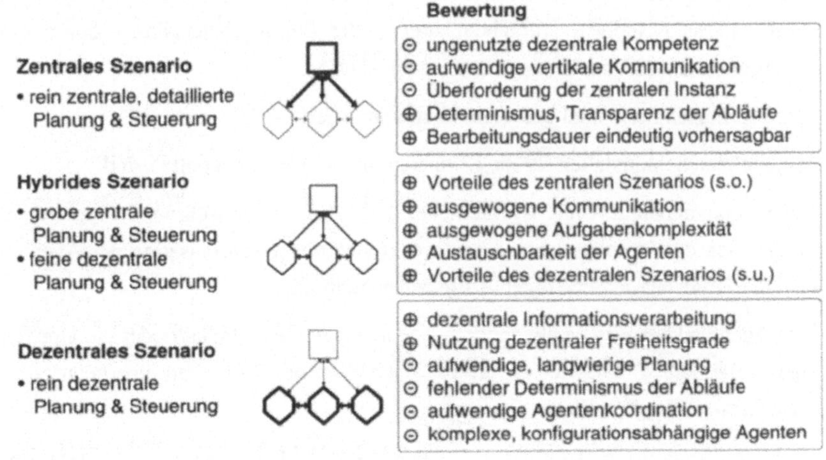

Bild 5-2: Merkmale und Bewertung verschiedener Verteilungen der Steuerungs-
*   kompetenz*

Sowohl der rein zentrale als auch der völlig dezentrale Ansatz haben gravierende Nachteile. Der "hybride" Ansatz, der als "koordinierte Kooperation" bezeichnet werden soll, besitzt dagegen den wesentlichen Vorteil, daß die positiven Eigenschaften sowohl des Zentralismus als auch der Dezentralisierung genutzt werden können. Weitere Merkmale dieses Ansatzes sind, daß

- ein Determinismus der Abläufe insofern besteht, daß die Bearbeitungsdauer von Aufträgen geplant werden kann,

- die Abläufe in der Zelle im Sinne der Transparenz für einen Benutzer nach-vollziehbar und auch vorhersagbar bzw. beeinflußbar sind,

- in der koordinierenden Instanz nur mit mittlerer Aufgabendetaillierung geplant wird. Die Agenten erhalten Freiheitsgrade hinsichtlich der Art und Weise der Aufgabenausführung, nicht aber hinsichtlich Zeitpunkt und Kooperationspartner,

- die Komplexität der Aufgabenbeschreibung in der koordinierenden Instanz und den Agenten gleichermaßen gut beherrschbar bleibt,

- eine Austauschbarkeit der Agenten in der Zelle besteht, ohne daß die Ablauf-beschreibung in der koordinierenden Instanz geändert werden muß,

- die fehlende Homogenität der Zellenkomponenten hinsichtlich ihrer Fähigkeiten, z. B. zur selbständigen Aufgabenplanung oder Störungsbehandlung, durch die koordinierende Instanz kompensiert werden kann,

- gleichermaßen horizontal und vertikal kommuniziert wird,

- einheitliche Schnittstellen für die Kooperation von Agenten möglich sind,

- zwei bis maximal drei Agenten bei der Aufgabenausführung kooperieren. Zugunsten der Störungstoleranz beschränkt sich die Synchronisation der Agenten auf die Zeitdauer der jeweiligen Aufgabenausführung,

- die Agenten kein Wissen über andere Agenten, den Gesamtablauf oder die Umwelt der Zelle haben müssen, da dieses Wissen in der bzw. den übergeordneten Instanzen vorliegt.

Im hybriden Szenario besitzen die Agenten weniger Freiheitsgrade als im dezentralen Szenario. Diese Tatsache darf allerdings nicht als Abrücken von der Idee der Autonomie gedeutet werden. Vielmehr ist die Autonomie des Gesamtsystems "Zelle" entscheidend und über die Autonomie der einzelnen Agenten zu stellen.

5.3.4   Hierarchieebenen der Steuerung und Störungsbehandlung

Im Sinne einer koordinierten Kooperation, d. h. eines hybriden Szenarios der Verteilung der Steuerungskompetenz, kann eine hierarchische Strukturierung der Funktionen zur Steuerung und Störungsbehandlung in drei Ebenen vorgenommen werden (Bild 5-3). Diese Ebenen sollen als Organisations-, Koordinations- und Ausführungsebene bezeichnet werden. Die Bildung dieser Ebenen spiegelt die in autonomen Systemen häufig anzutreffende Einteilung in strategische, taktische und operative Aufgaben wider (vgl. Kap. 2.5.4). In allen drei Ebenen stehen Freiheitsgrade zur Steuerung und Störungsbehandlung zur Verfügung. Dementsprechend gibt es auch auf allen Ebenen Funktionen zur Planung, Entscheidung und Steuerung sowie zur Überwachung, Auswertung und Diagnose, die ebeneninterne und ebenenübergreifende Regelkreise zur Störungsbehandlung ermöglichen.

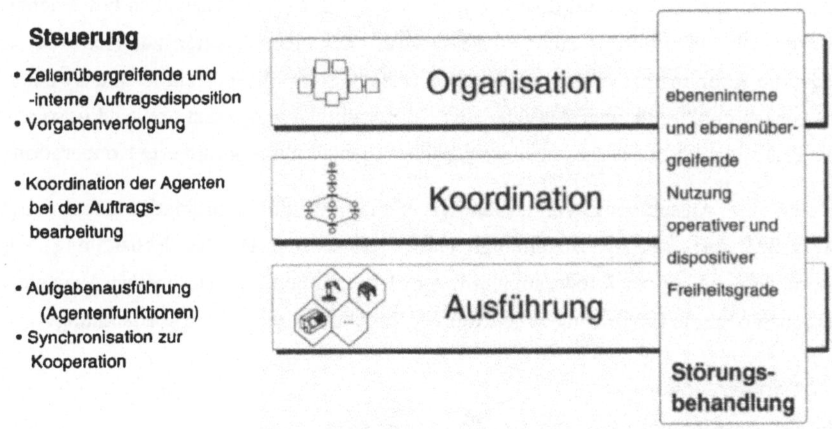

Bild 5-3: Hierarchieebenen der Steuerung und Störungsbehandlung

Organisationsebene

Ausgehend von den Vorgaben der Zelle legt die Organisationsebene das Gesamt-verhalten der Zelle bei der Auftragsbehandlung fest. Nach dem Prinzip der wettbe-werbsorientierten Auftragsvergabe wird die Auftragseinplanung zellenübergreifend mit den Organisationsebenen anderer Zellen abgestimmt. Im Rahmen der zellen-internen Disposition ermittelt sie unter Berücksichtigung der ausgehandelten Termine optimale Auftragsreihenfolgen und stellt der Koordinationsebene die zu bearbeitenden Aufträge zur Verfügung.

Die Agenten melden Änderungen ihres Zustandes an die Organisationsebene. Auf diese Art und Weise kann die Organisationsebene die Auswirkungen von Störungen auf Aufträge in der Zelle schnell berücksichtigen und entsprechend reagieren.

Koordinationsebene

Die Koordinationsebene koordiniert die Agenten in der Fertigungszelle bei der Vorbe-reitung, Bearbeitung und Nachbereitung von Aufträgen. Die durchzuführenden Aufträge erhält die Koordinationsebene von der Organisationsebene. Der anzu-steuernde Ablauf in der Zelle wird mit Hilfe von Einmarken-Petrinetzen beschrieben. Stehen zur Durchführung einer Funktion zwei oder mehr Agenten zur Auswahl, so kann die Koordinationsebene den situationsabhängig am besten geeigneten auswählen. Ist zur Durchführung einer Aufgabe eine Kooperation von Agenten notwendig, so teilt die Koordinationsebene dies den betreffenden Agenten mit (koordinierte Kooperation).

Neben der Ansteuerung von Abläufen übernimmt die Koordinationsebene auch Aufgaben der Störungsbehandlung. Dazu gehören z. B. die Behandlung von Störungen, die bei der Kooperation von Agenten auftreten, der Anstoß von Ausweich-aktionen oder die Einbindung zellenexterner Ressourcen zur Störungsbehandlung.

Ausführungsebene

In der Ausführungsebene werden die in der Zelle vorhandenen Komponenten und deren Funktionen durch Agenten repräsentiert; Agenten gibt es also ausschließlich in der Ausführungsebene. Zur Vorbereitung sowie zur anschließenden Durchführung von Aufgaben stellen die Agenten sogenannte Agentenfunktionen, z. B. "Bearbeite Werk-stück" oder "Handhabe Werkstück", zur Verfügung. Die von der Koordinationsebene erhaltenen Aufgaben werden zunächst auf Durchführbarkeit überprüft. Ist diese nicht gegeben, so wird die Aufgabe abgelehnt. Im Rahmen der Durchführung können die Agentenfunktionen in Elementaroperationen unterteilt werden, die die kleinste Zerlegung einer Aufgabe darstellen. Agenten können Aufgaben eigenständig durchführen, sie können aber auch mit anderen Agenten kooperieren, wie z. B. bei der Übergabe von Werkstücken. Die Kooperation erfolgt anhand eines fest definierten Synchronisationsschemas, das allen Agenten bekannt ist. Alle Agenten sind gleichberechtigt, d. h. es werden keine Hierarchien von Agenten in der Ausführungsebene gebildet.

Im Sinne der Störungstoleranz versucht ein Agent seine Aufgabe zunächst auch bei auftretenden Fehlern selbständig, d. h. ohne Hilfe von außen, zu lösen. Abschließend wird der Koordinationsebene entweder der aufgetretene Fehler oder die erfolgreiche Durchführung der Aufgabe gemeldet.

5.3.5   Ebenenübergreifende Aspekte der Autonomie

Die beschriebene hierarchische Strukturierung beeinflußt insbesondere die im folgenden behandelten Autonomieaspekte der Aufgabenorientierung und Störungstoleranz.

Aufgabenorientierung

Die Strukturierung in Hierarchieebenen schafft die Voraussetzungen für die Aufgabenorientierung, da eine Gesamtaufgabe in überschaubare und beherrschbare Teilaufgaben zerlegt werden kann, die dann auf der jeweiligen Ebene gelöst werden. Das vorliegende Konzept unterstützt die ganze Spanne der künftig vorstellbaren Grade der Aufgabenorientierung. In Abhängigkeit vom Grad der Aufgabenorientierung variiert die von der Zelle benötigte Auftragsbeschreibung (Bild 5-4). Im folgenden wird zunächst der Fall einer schwach ausgeprägten Aufgabenorientierung beschrieben.

Um die Bearbeitungszeit eines Auftrages in der Organisationsebene ermitteln zu können, muß bekannt sein, welche Bearbeitungsschritte am Werkstück in welcher Reihenfolge durchzuführen sind und wieviel Zeit für die Schritte zu veranschlagen ist. Den einzelnen Bearbeitungschritten müssen Bearbeitungsfunktionen zugeordnet sein, so daß die prinzipielle technische Durchführbarkeit des Auftrags von der Organisationsebene schnell geklärt werden kann. Zudem muß der Zeitpunkt bekannt sein, bis zu dem das bearbeitete Werkstück beim Auftraggeber sein muß. Anhand dieser Informationen kann die Organisationsebene die Schritte identifizieren, die die Zelle selber durchführen kann, und Ausschreibungen für die restlichen Bearbeitungsschritte erstellen. Darüber hinaus enthält die Auftragsbeschreibung den Liegezeitanteil des Auftrags im gesamten Fertigungssystem, anhand dessen der zellenspezifische Liegezeitanteil beurteilt werden kann.

Die Koordinationsebene benötigt zur Steuerung der Abläufe bei der Vorbereitung, Bearbeitung und Nachbereitung von Aufträgen die jeweiligen Auftrags-Petrinetze.

In der Ausführungsebene werden für die durchzuführenden Handhabungs-, Bearbeitungs- und Meßoperationen die jeweiligen RC-, NC- und Meßprogramme benötigt. Diese Programme können z. B. in der Arbeitsvorbereitung generisch, d. h. unabhängig von der speziellen Maschinensteuerung, erzeugt und mittels Postprozessoren an die tatsächlich verwendete Hardware angepaßt werden. Bereits anhand dieser generischen Programme können die Zellenagenten überprüfen, ob sie den technologischen Anforderungen gerecht werden, die bei der Produktbearbeitung gestellt werden.

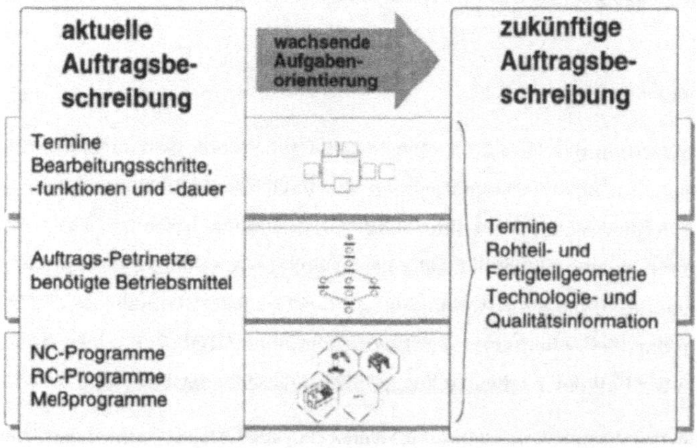

Bild 5-4: Auftragsbeschreibung in Abhängigkeit vom Grad der Aufgabenorientierung

Im Falle einer <u>stärker ausgeprägten Aufgabenorientierung</u> ist es zukünftig auch vorstellbar, daß die Organisationsebene die für die Bearbeitungsschritte benötigten

Informationen selbständig aus Roh- und Fertigteilgeometrie sowie aus Technologie- und Qualitätsinformationen generiert, die zur zukünftigen Auftragsbeschreibung gehören (Bild 5-4). In Abhängigkeit von der Konfiguration der Zelle und der Vielfalt der Abläufe in der Zelle, können die Petrinetze der Koordinationsebene zukünftig auch selbständig generiert oder von Standardabläufen abgeleitet werden. Darüber hinaus kann in der Ausführungsebene z. B. ein Teil der Agenten die Programme anhand der vorliegenden Beschreibung der Roh- und der Fertigteilgeometrie sowie der Technologie- und Qualitätsinformationen selbständig erzeugen. Im Sinne der organisatorischen und personellen Aspekte der Autonomie kann der Benutzer diese dezentrale Programmerstellung unterstützen.

Störungstoleranz

Das grundlegende Prinzip der Störungsbehandlung in autonomen Fertigungszellen ist die möglichst dezentrale Reaktion auf Störungen. Stehen lokal, d. h. in einem Agenten, keine ausreichenden Freiheitsgrade oder Fähigkeiten zur Verfügung, so wird versucht, die Störung auf der Koordinations- oder schließlich auf der Organisationsebene zu behandeln. Dementsprechend sind die Funktionen zur Störungsbehandlung im Gegensatz zu bestehenden Ansätzen nicht zentralistisch konzipiert, sondern gleichermaßen auf Organisations-, Koordinations- und Ausführungsebene verteilt. Folglich werden ebeneninterne und ebenenübergreifende Regelkreise zur Störungsbehandlung gebildet (Bild 5-5).

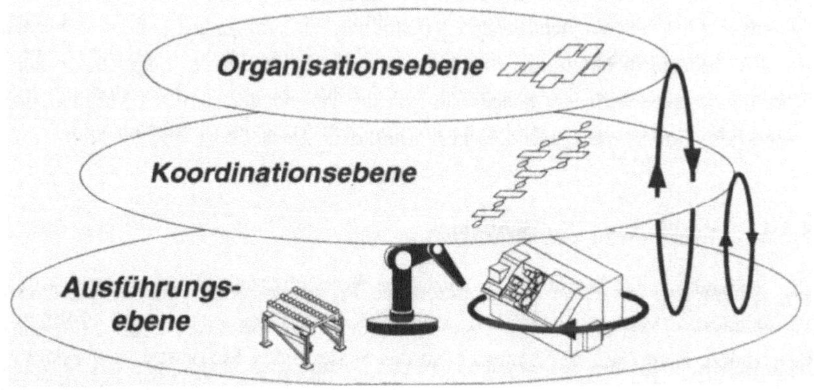

Bild 5-5: Ebeneninterne und -übergreifende Regelkreise zur Störungsbehandlung

Durch die direkte Integrierbarkeit der Funktionen zur Störungsbehandlung in die Steuerungsstruktur können die in den Ebenen vorhandenen Freiheitsgrade zur selbständigen Reaktion auf auftretende Störungen genutzt werden. Aufgrund der unterschiedlichen Ressourcen, Freiheitsgrade und Kompetenzen kann keine Ebene die anderen Ebenen im Hinblick auf die Störungsbehandlung gleichwertig ersetzen. Hinsichtlich des Ablaufes der Störungsbehandlung wird zwischen den Phasen Erkennung, Lokalisierung und Behebung unterschieden (Bild 5-6) *(Kahlenberg 1995, Schönecker 1992)*. Zunächst muß ein Fehler bemerkt bzw. erkannt werden. Anschließend findet eine Lokalisierung statt, um Ort, Ausmaß und Ursache der Störung zu erfassen. Abschließend kann die Störung behoben werden.

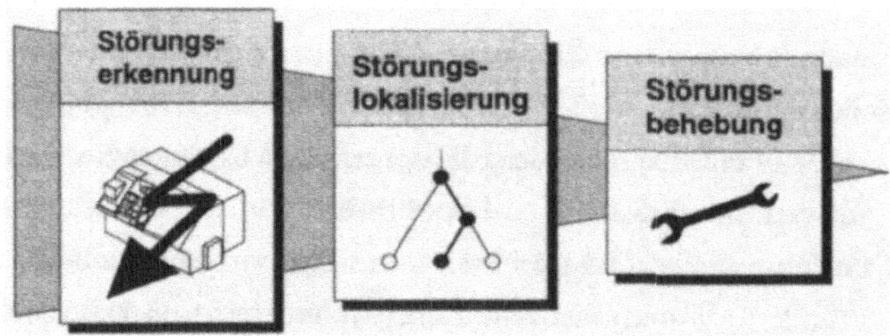

Bild 5-6: Ablauf der Störungsbehandlung

Damit sind die Voraussetzungen für eine ausgeprägte Störungstoleranz geschaffen. Im folgenden wird bei der detaillierten Vorstellung der einzelnen Ebenen noch genauer auf die Störungsbehandlung eingegangen. Der Schwerpunkt liegt dabei auf der Koordinationsebene, in der ausgehend von der aufgabenorientierten Modularisierung wesentliche Fortschritte gegenüber herkömmlichen Ansätzen zu erzielen sind.

5.3.6   Einbindung des Benutzers

Die Einbindung des Benutzers in autonome Fertigungszellen kann anhand von drei verschiedenen Merkmalen beschrieben werden, den hardware- und informationstechnischen Eingriffen des Benutzers in das System, den Meldungen des Systems an den Benutzer und den Visualisierungsmöglichkeiten für den Benutzer im Sinne der Transparenz (Bild 5-7).

Zur Erleichterung hardwaretechnischer Eingriffe in das System wird der Benutzer von system- und komponentenspezifischem Wissen entlastet. Die Aufgabenorientierung in autonomen Fertigungszellen ermöglicht die Transformation der Aufgaben des Benutzers auf die Ebene der reinen Problemlösung. Der Benutzer braucht nicht mehr zu überlegen, wie er das System richtig benutzen oder ansteuern muß, sondern kann sich darauf konzentrieren, welche Aktion das System oder ein einzelner Agent ausführen soll. Die Agentenfunktionen bilden eine aufgabenorientierte Schnittstelle, die die Systemeingriffe des Benutzers stark vereinfacht. Durch die direkte Ansteuerung von Agenten kann der Benutzer temporär die Aufgabe der Koordinationsebene übernehmen. Andererseits sind die Fähigkeiten des Benutzers in der Koordinationsebene abgebildet, so daß er bei Eingriffen in das System angeleitet werden kann, etwa bei der Durchführung eines Werkzeugwechsels von Hand. Der Benutzer übernimmt also Aufgaben, die sonst von einem Agenten durchgeführt werden. Dies ist insbesondere bei nicht autonom behebbaren Störungen sinnvoll. Durch die aufgabenorientierte Anleitung des Benutzers können seine Fähigkeiten optimal genutzt werden.

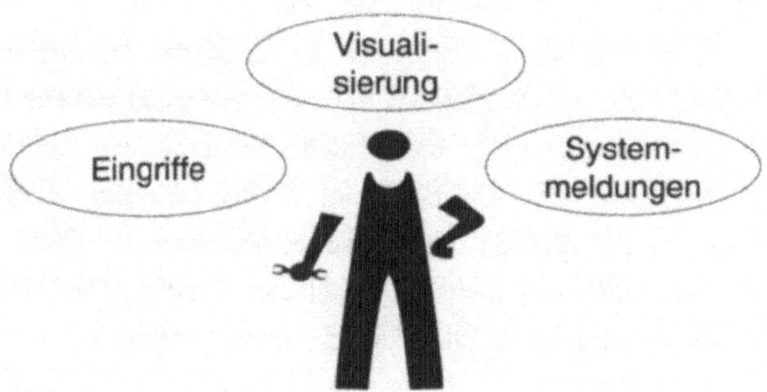

Bild 5-7: Einbindung des Benutzers

Darüber hinaus kann der Benutzer sowohl im normalen Ablauf als auch in Ausnahmesituationen über eine Vielzahl informationstechnischer Eingriffe Einfluß auf das autonome System ausüben. Im Sinne der Dezentralisierung von Funktionen zur Arbeitsplanung und NC-Programmierung kann der Benutzer im normalen Ablauf z. B. die Programmerstellung unterstützen. Zu den informationstechnischen Eingriffen in Ausnahmesituationen gehört z. B. die Veränderung der Vorgaben für die Auftragsdisposition. Zudem kann er den Abbruch der Bearbeitung eines Auftrages veranlassen oder die vom System einzuhaltenden Wartungsintervalle verändern. Die Störungsbehandlungsmechanismen in der Koordinationsebene können vom Benutzer ergänzt werden.

Zur Unterrichtung des Benutzers über den aktuellen Systemzustand und zur Unterstützung des Benutzers bei seinem erweiterten Aufgabenspektrum im Sinne der Aufgabenintegration werden Meldungen automatisch generiert. Ein Großteil dieser Meldungen bezieht sich auf die Aufträge in der Zelle. So werden z. B. der Erhalt eines neuen Auftrages sowie Start, Abbruch und reguläres Ende einer Auftragsbearbeitung gemeldet. Zudem wird eine Meldung abgesetzt, wenn der späteste Anfangstermin eines Auftrages überschritten wird oder die Vorgaben der Zelle verändert wurden. Darüber hinaus werden aufgetretene oder behobene Störungen sowie Zustandsänderungen von Agenten und gegebenenfalls resultierende Änderungen der Durchführbarkeit von Aufträgen gemeldet. Zusätzlich wird der Benutzer rechtzeitig über die Notwendigkeit der Wartung von Zellenkomponenten informiert.

Neben den automatisch generierten Informationen für den Benutzer stehen spezielle Elemente zur Visualisierung zur Verfügung. Im Sinne der Transparenz können so detaillierte Informationen auf Wunsch des Benutzers angezeigt werden. Dazu gehören die gültigen Vorgaben der Zelle, die aktuelle Situation der Auftragsdisposition inklusive Informationen über Angebote und Ausschreibungen. Zudem kann die Abarbeitung der in der Koordinationsebene eingesetzten Petrinetze zur Ablaufsteuerung bei der Auftragsbearbeitung visualisiert werden. Daneben lassen sich detaillierte Informationen über die Zustände der Agenten anzeigen.

5.4   Organisationsebene

Das entwickelte Konzept der Organisationsebene bezieht sich direkt auf das in Kap. 4.5.4.2 beschriebene dezentrale Szenario der Auftragsbehandlung in autonomen Fertigungssystemen. Eine Verallgemeinerung des Konzeptes der Organisationsebene im Hinblick auf andere Szenarien der Auftragsbehandlung ist ohne weiteres möglich.

5.4.1   Funktionen der Organisationsebene

Die Organisationsebene umfaßt die Funktionen Vertrieb, Disposition, Überwachung und Einkauf. Der Ablauf der Auftragsbehandlung im störungsfreien Fall ist in Bild 5-8 dargestellt. Im folgenden werden die Funktionen detailliert vorgestellt.

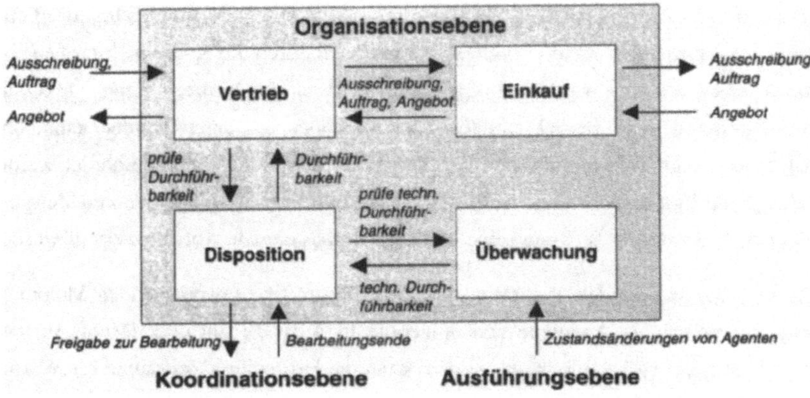

Bild 5-8: Das Zusammenspiel der Funktionen der Organisationsebene

Vertrieb

Der Vertrieb verfolgt die Ausschreibungen im Fertigungssystem und überprüft, ob es der Zelle möglich ist, Angebote abzugeben. Dazu werden die Bearbeitungsschritte identifiziert, die die Zelle übernehmen kann. Soll ein Angebot erstellt werden, so erfolgt die Prüfung der technischen Durchführbarkeit durch die Überwachung und die Prüfung der organisatorischen Durchführbarkeit durch die Disposition. Sind die

Überprüfungen erfolgreich, wird die Auftragsbeschreibung an den Einkauf weiter-geleitet, der den Materialbedarf der Zelle im Fertigungssystem ausschreibt. Erhält die Zelle akzeptable Angebote zur Deckung des Materialbedarfes, so kann der Vertrieb seinerseits ein Angebot entsprechend der technologischen und kapazitiven Möglichkeiten der Zelle an den Urheber der Ausschreibung abgeben. Die Informationen über die Erteilung eines Auftrages oder die Ablehnung des Angebots leitet der Vertrieb wieder an Disposition und Einkauf weiter.

Disposition

Die Disposition prüft die organisatorische Durchführbarkeit von Ausschreibungen. Dazu wird zum einen die aktuelle Termin- und Kapazitätssituation der Fertigungszelle berücksichtigt. Zum anderen hängt die Durchführbarkeit von der Konfiguration der Zelle, d. h. den vorhandenen Zellenagenten mit ihren Fähigkeiten zur Bearbeitung, Handhabung usw., sowie deren Verfügbarkeit, ab. Wird ein Auftrag erstmalig in einer Zelle ausgeführt, so muß die Durchführbarkeit auch durch die Koordinationsebene und die Agenten bestätigt werden. Anschließend wird an den Vertrieb gemeldet, ob eine Ausschreibung unter Berücksichtigung der Vorgaben disponiert werden kann, ohne daß bereits vorhandene Aufträge, Angebote oder Ausschreibungen gefährdet werden. Gelingt die Disposition eines Auftrages nicht, kann sie zu einem späteren Zeitpunkt wiederholt werden, z. B. wenn keine Aufträge für bestehende Angebote erteilt wurden.

Darüber hinaus wandelt die Disposition bei Eintreffen entsprechender Meldungen Ausschreibungen in Angebote und Angebote in Aufträge um oder löscht Aufträge, Angebote oder Ausschreibungen. Zudem kann die Disposition Zeiträume für Wartung in Abhängigkeit vom Auftragsspektrum der Zelle und dem Zustand der Zellenagenten einplanen. Das exakte Vorgehen im Rahmen der Disposition wird im folgenden Kapitel beschrieben.

Überwachung

Die Überwachung hat mehrere verschiedene Aufgaben. Zum einen unterstützt sie die Disposition bei der Überprüfung der prinzipiellen technischen Durchführbarkeit von Ausschreibungen. Dazu führt sie ein aktuelles Abbild der Fähigkeiten der Zellenagenten zur Bearbeitung, Handhabung usw., das sie mit den in der

Ausschreibung geforderten Fähigkeiten vergleicht. Redundante Fähigkeiten, die z. B. von zwei Agenten zur Verfügung gestellt werden, werden nur einfach abgebildet.

Darüber hinaus werden kontinuierlich alle in der Zelle vorhandenen Aufträge, deren Bearbeitung noch nicht begonnen hat, sowie alle Angebote und Ausschreibungen, überwacht. Diese Überwachung bezieht sich zum einen auf Veränderungen der Durchführbarkeit, die z. B. aus Störungen von Agentenfähigkeiten resultieren können. Zum anderen wird die Einhaltung aller ausgehandelten Termine überwacht, z. B. ob Material oder extern angeforderte Betriebsmittel rechtzeitig eintreffen.

Einkauf

Der Einkauf schreibt den ermittelten Materialbedarf der Zelle im autonomen Fertigungssystem in einer neuen Ausschreibung aus, die von den Daten der ursprünglichen Ausschreibung abgeleitet wird. Erhält der Einkauf bis zu einer gesetzten Frist keine Angebote, so kann entweder die eigene Disposition und Ausschreibung korrigiert werden, z. B. wenn die Zelle noch wenig ausgelastet ist, oder die Beteiligung an der ursprünglichen Ausschreibung zurückgezogen werden. Gehen Angebote ein, wird anhand der in Kap. 5.4.2.5 beschriebenen Gütekriterien das beste Angebot ermittelt und eine Meldung an den Vertrieb abgesetzt. Gleichzeitig werden die Zellen benachrichtigt, deren Angebot nicht zum Zuge gekommen ist. Erhält die Zelle einen Auftrag für ein abgegebenes Angebot, so erteilt der Einkauf seinerseits Aufträge an seine Lieferanten.

5.4.2 Vorgabenorientierte Auftragsdisposition

5.4.2.1 Grundlagen der Auftragsdisposition

Für die komplette Bearbeitung eines Auftrages in einem autonomen Fertigungssystem steht eine durch die erste Ausschreibung festgelegte Zeitspanne zur Verfügung, die als Fertigungsdurchlaufzeit (T_{FDLZ}) bezeichnet wird. Diese Zeitspanne muß zwischen den beteiligten Zellen so aufgeteilt werden, daß sowohl die lokalen Vorgaben der Zellen als auch der vorgegebene Auftragsendtermin eingehalten werden können. Jede Zelle muß bei der Erstellung eines Angebotes ihre Zellendurchlaufzeit (T_{ZDLZ}) für den

Auftrag ermitteln. Dies ist die maximale Verweildauer des Auftrags in der Zelle, beginnend mit der Ankunft des Materials bis zum Abtransport der fertig bearbeiteten Teile. Unter der Annahme, daß immer ausreichende Kapazität für den Transport vorhanden ist (Transportzeit T_T), müssen die von den Zellen veranschlagten Zellendurchlaufzeiten der folgenden Bedingung genügen.

$$\sum_{Zellen} (T_{ZDLZ} + T_T) \leq T_{FDLZ} \tag{5.1}$$

Die reale Fertigungsdurchlaufzeit kann also durchaus kleiner sein als die vorgegebene, d. h. die Rohteile werden erst später vom autonomen Fertigungssystem benötigt, als ursprünglich angenommen (Bild 5-9).

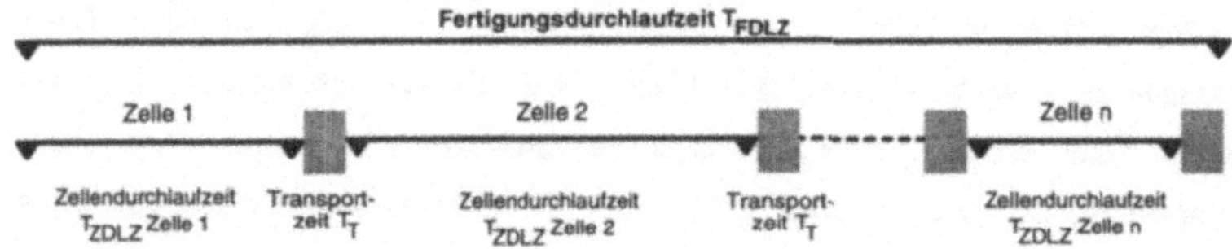

Bild 5-9: Fertigungsdurchlaufzeit

Zur Ermittlung der Zellendurchlaufzeit wird zunächst die reine Bearbeitungszeit in der Zelle (Zellenbearbeitungszeit T_{ZBZ}) berechnet, die sich aus den von der Zelle übernommenen Bearbeitungsschritten ergibt. Zu der reinen Bearbeitungszeit wird mittels eines Faktors zur Auftragsdisposition (F_{AD}) ein Liegezeitanteil hinzugerechnet (5.2). Die Ermittlung des Faktors F_{AD} wird in den folgenden Kapiteln beschrieben.

$$T_{ZDLZ} = T_{ZBZ} \cdot F_{AD} \tag{5.2}$$

Die ermittelte Zellendurchlaufzeit bildet die Grundlage der Disposition in der Zelle. Innerhalb der Zellendurchlaufzeit kann die Zelle den Zeitraum der eigentlichen Bearbeitung (T_{ZBZ}) willkürlich verschieben (Bild 5-10). Diesen Freiheitsgrad kann sie zur optimalen Auftragseinplanung ausnützen. Gleichzeitig müssen aber auch alle zur Bearbeitung notwendigen Ressourcen über die gesamte Zellendurchlaufzeit zur Verfügung stehen. Der Faktor F_{AD} wird in jeder Zelle für jeden Auftrag spezifisch anhand der Vorgaben berechnet und stellt die Berücksichtigung globaler Ziele sicher.

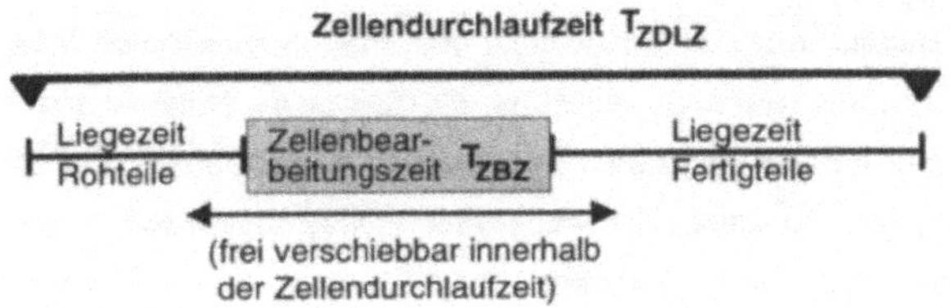

Bild 5-10: Zellendurchlaufzeit

Erhält eine Zelle keine Angebote für ihre Ausschreibung, so muß sie untersuchen, ob ihre eigene Disposition die Ursache für das Ausbleiben von Angeboten ist. Anhand der Ausschreibung überprüft die Zelle, ob der von ihr veranschlagte Liegezeitanteil in der Zelle einen überproportionalen Anteil der gesamten Liegezeit des Auftrages im autonomen Fertigungssystem beansprucht, so daß andere Zelle nicht mehr sinnvoll disponieren können. Ist dies der Fall, so muß sie versuchen, mit einer kleineren Zellendurchlaufzeit, d. h. einem geringeren Liegezeitanteil, zu disponieren. Tritt der Fall häufig auf, ist bei der zentralen Instanz des autonomen Fertigungssystems eine Veränderung der Vorgaben der Zelle anzumahnen. Liegt der von der Zelle beanspruchte Liegezeitanteil dagegen im Rahmen, kann von anderen Ursachen für das Ausbleiben von Angeboten ausgegangen werden. So kann z. B. eine vorangegangene Zelle zuviel Liegezeit beansprucht haben, die Kapazität im System nicht ausreichen oder die Bearbeitung aufgrund von Störungen nicht möglich sein. Dementsprechend wird kein Angebot abgegeben, d. h. die vorangegangene Zelle, von der die Ausschreibung stammt, muß gegebenenfalls ihr Dispositionsverhalten überprüfen.

Die fertig bearbeiteten Teile eines Auftrages können, sobald der Auftraggeber bereit ist, sie entgegenzunehmen, zu ihm transportiert werden.

5.4.2.2 Vorgaben der Auftragsdisposition

Die grundlegende Zielsetzung autonomer Fertigungszellen ist die Bearbeitung von Aufträgen. Darüber hinaus muß die Auftragsdisposition in den Zellen durch Vorgaben im Sinne der globalen Optimierung im autonomen Fertigungssystem beeinflußbar sein. Zur Bewertung der Auftragsdisposition in herkömmlichen Fertigungssystemen werden in der Regel vier logistische Zielgrößen verwendet. Dies sind die Termintreue und die Durchlaufzeit, die sich auf das Gesamtsystem beziehen, sowie die Auslastung und der

Bestand, die sich auf einzelne Teilsysteme beziehen. Neben diesen Zielgrößen steht in autonomen Fertigungssystemen vor allem die dezentrale Nutzung von Potentialen zur Rüstoptimierung im Vordergrund. Die besondere Bedeutung der Rüstoptimierung ergibt sich aus der Tatsache, daß die Zellen besser voneinander entkoppelt werden können, wenn gemeinsam genutzte Betriebsmittel nicht ständig hin und her transportiert werden müssen. Zudem kann der Transport entlastet werden.

Im folgenden wird beschrieben, wie sich die einzelnen Zielgrößen auf die Wahl eines geeigneten Faktors zur Auftragsdisposition (F_{AD}) in einer autonomen Fertigungszelle auswirken. Auf die Berücksichtigung der Zusammenhänge zwischen den verschiedenen logistischen Zielgrößen wird im folgenden Kapitel eingegangen.

Termintreue

Das verwendete Ziehprinzip bei der Auftragsplanung ausgehend von einem feststehenden Endtermin garantiert automatisch die Termintreue der Aufträge im System, so lange keine gravierenden Störungen auftreten. Die Zellen benötigen aus diesem Grund keine Vorgaben in bezug auf die Termintreue.

Durchlaufzeit

Die Fertigungsdurchlaufzeit eines Auftrages wird durch die Zellendurchlaufzeiten und die Transportzeiten bestimmt. Soll eine kurze Fertigungsdurchlaufzeit erreicht werden, so müssen die einzelnen Zellendurchlaufzeiten in ihrer Länge beschränkt werden. Die Wahl zu kleiner Faktoren F_{AD}, d. h. zu kurzer Zellendurchlaufzeiten, schränkt die Freiheitsgrade der zelleninternen Auftragsdisposition erheblich ein und kann die Durchführbarkeit anderer Aufträge in der Zelle stark behindern. Ausgehend von den durchgeführten Untersuchungen sollte der minimale Wert für den Faktor F_{AD} auf 1.5 gesetzt werden.

Auslastung

Eine Optimierung der Auslastung einer Zelle ergibt sich, wenn so viele Aufträge angenommen werden, daß zwischen der Bearbeitung unterschiedlicher Aufträge in einer Zelle keine zeitlichen Lücken entstehen. Dies bedingt eine möglichst gute Disponierbarkeit der Aufträge, die durch einen großen Faktor F_{AD} gewährleistet wird. Bei Aufträgen mit sehr kurzen Zellenbearbeitungszeiten im Vergleich zum Durchschnitt der Aufträge einer Zelle muß der Faktor F_{AD} nochmals erhöht werden, um ausreichende Freiräume bei der Disposition dieser Aufträge zu gewährleisten (Bild 5-11). Der maximale Wert für den Faktor F_{AD} sollte zu 7.5 festgesetzt werden, da eigene Untersuchungen gezeigt haben, daß eine weitere Vergrößerung keinen Vorteil bezüglich der Disponierbarkeit der Aufträge bietet.

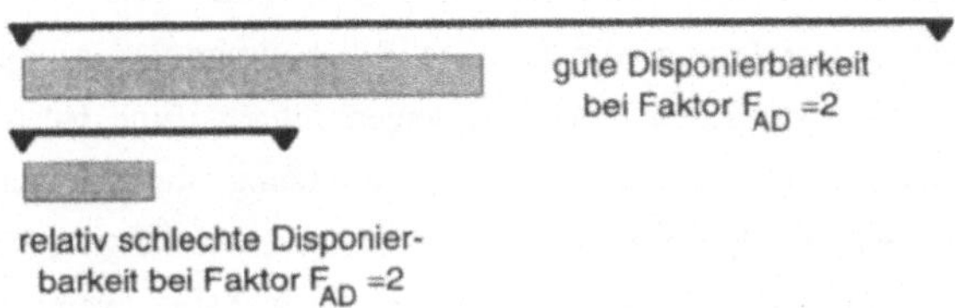

Bild 5-11: Disponierbarkeit von Aufträgen mit kurzen Zellenbearbeitungszeiten

Bestand

Die Menge der zu bearbeitenden Werkstücke in einer Zelle, d. h. der Bestand, hängt von der Länge der aktiven Zellendurchlaufzeiten ab. Als aktiv werden die Zellendurchlaufzeiten bezeichnet, die zum aktuellen Zeitpunkt bereits begonnen haben. Im Falle einer ausreichenden Lagerkapazität stellt sich der maximal mögliche Bestand ein, wenn die Zelle bis zum Ende der am weitesten in die Zukunft reichenden aktiven Zellendurchlaufzeit voll ausgelastet ist (Bild 5-12). Sollen kleine Bestände in einer Zelle erreicht werden, so kann dies durch die Beschränkung der Länge der Zellendurchlaufzeiten, d. h. durch die Wahl kleiner Faktoren, z. B. F_{AD}=3, erreicht werden.

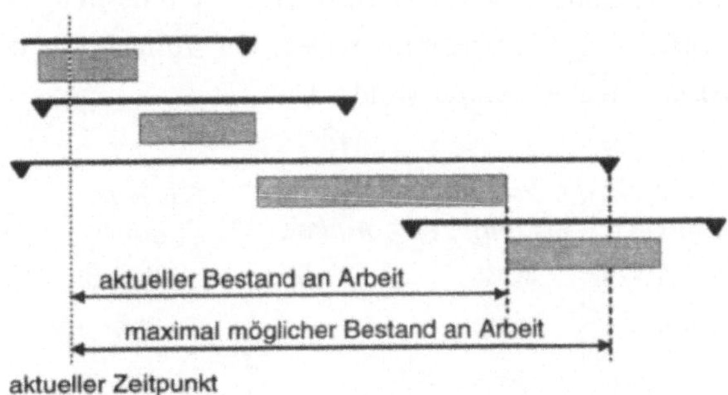

Bild 5-12: Abhängigkeit zwischen Bestand und Zellendurchlaufzeit

Rüstoptimierung

Eine Minimierung der zellenübergreifenden Transporte von Betriebsmitteln sowie der Rüstzeiten in einer Zelle ist dann möglich, wenn Aufträge, die die gleichen Betriebsmittel benötigen, en bloc abgearbeitet werden können. Dieses Vorgehen setzt zum einen voraus, daß die Zelle durch große Zellendurchlaufzeiten hohe Freiheitsgrade bei der Disposition besitzt. Zum anderen muß sich eine Zelle zunächst auf die Ausschreibungen konzentrieren, die ihr eine Rüstoptimierung ermöglichen. Dieses Vorgehen kann zu mehrfachen Ausschreibungen führen. Eine Rüstoptimierung ist prinzipiell immer sinnvoll, kann aber mit der Zielsetzung "kurze Durchlaufzeiten" im Widerspruch stehen. Durch die Nutzung einer spezifischen Vorgabe kann der Aspekt der Rüstoptimierung angemessen berücksichtigt werden, wenn entsprechender Optimierungsbedarf im System besteht.

Um die Auftragsdisposition im autonomen Fertigungssystem zu beeinflussen, können die vier Vorgaben Durchlaufzeit, Auslastung, Bestand und Rüstoptimierung jeweils separat mit Werten zwischen 0 und 100% gewichtet werden. Die Wahl sinnvoller Vorgaben obliegt der in Kap. 4.5.4.2 genannten zentralen Instanz im Fertigungssystem.

Zur Verfeinerung des Systemverhaltens bei der Auftragsbehandlung wird eine Hierarchie von Vorgaben aufgebaut. Zunächst erhalten alle Zellen in einem Fertigungssystem die gleichen Vorgaben. Auf diese Art und Weise läßt sich z. B. eine gleichmäßige Auslastung der Zellen erreichen. Diese allgemeinen Vorgaben werden durch vorrangige zellenspezifische Vorgaben verfeinert. So kann z. B. für eine Engpaßressource des Fertigungssystems die Vorgabe Auslastung besonders stark gewichtet werden. Darüber hinaus können, z. B. zur Priorisierung von Eilaufträgen, auftragsspezifische Vorgaben vergeben werden, die Vorrang vor den system- und zellenspezifischen Vorgaben besitzen (Bild 5-13).

Vorgaben	Vorgabenbezug			resultierende Vorgaben
	System	Zelle	Auftrag	
Durchlaufzeit	~~30%~~		80%	80% (g_D)
Bestand	30%			30% (g_B)
Auslastung	~~30%~~	75%		75% (g_A)
Rüstopt.	60%			60% (g_R)

Bild 5-13: Hierarchie der Vorgaben

Die betrachteten Zielkriterien konkurrieren miteinander. Dieser Effekt, der sich in den Forderungen nach kurzen bzw. langen Zellendurchlaufzeiten widerspiegelt, kann auch in autonomen Fertigungssystemen nicht umgangen werden. Trotz unter Umständen widersprüchlicher Vorgaben muß eine Zelle sinnvoll disponieren. Im folgenden wird beschrieben, wie die gewichteten Vorgaben auf den Faktor F_{AD} zur Ermittlung der Zellendurchlaufzeiten abgebildet werden.

5.4.2.3 Abbildung der Vorgaben auf die Zellendurchlaufzeit

Für jeden Auftrag, um den eine Zelle konkurriert, muß sie zunächst ausgehend von ihren Vorgaben und der Zellenbearbeitungszeit die Zellendurchlaufzeit ermitteln. Dazu ist es notwendig, die gewichteten Vorgaben auf den Faktor F_{AD} abzubilden. Da die Vorgaben beliebig variieren können, muß ein Kennfeld aufgestellt werden, das jegliche Kombination der gewichteten Vorgaben auf einen sinnvollen Faktor abbildet.

Eine erste Möglichkeit der Abbildung der Vorgaben auf die Zellendurchlaufzeit ist die Verwendung eines gewichteten Mittelwertes, d. h. eines rein linearen Zusammenhangs:

$$F_{AD} = \frac{g_D \cdot F_D + g_B \cdot F_B + g_A \cdot F_A + g_R \cdot F_R}{g_D + g_B + g_A + g_R} \tag{5.3}$$

Dabei sind g_D, g_B, g_A, g_R die gültigen Vorgaben zur Ermittlung von F_{AD}. Die Größen F_D, F_B, F_A, F_R werden jeweils auf den Wert gesetzt, der sich für F_{AD} ergeben soll, wenn das entsprechende Gewicht gleich 100% ist und alle anderen Gewichte gleich 0% sind. Im Rahmen der durchgeführten Untersuchungen hat sich die Konstellation $F_D=1.5$, $F_B=3$, $F_A=7.5$ und $F_R=6$ als geeignet erwiesen.

Sollen dagegen anstelle eines rein linearen Kennfeldes auch kompensatorische bzw. nichtlineare Zusammenhänge berücksichtigt werden, kann auf die Methoden der Fuzzy Logic zurückgegriffen werden. Die Fuzzy Logic bietet die Möglichkeit, das empirische Wissen eines Experten zur Fertigungssteuerung in Form von "Wenn-Dann" Regeln darzustellen. So kann z. B. der Fall berücksichtigt werden, daß der Faktor F_{AD} sehr klein sein soll, wenn $g_D=100\%$ gilt, aber alle anderen Vorgaben z. B. zwischen 10 % und 40% liegen.

Das Prinzip der Abbildung der Vorgaben auf den Faktor F_{AD} mit Hilfe der Fuzzy Logic ist in Bild 5-14 dargestellt. Zunächst werden die Vorgaben durch die sogenannte Fuzzifikation in Zugehörigkeitsgrade der entsprechenden linguistischen Variablen umgewandelt. Die vier Vorgaben werden dann in einem Fuzzy-Regelblock auf die linguistische Variable für den Faktor F_{AD} abgebildet. Abschließend erfolgt die Defuzzifikation, d. h. die Abbildung der linguistischen Ausgangsvariable des Regelblockes auf einen "scharfen" Faktor. Sinnvoll ist in diesem Zusammenhang die Wahl von drei Zugehörigkeitsklassen für die linguistischen Eingangsvariablen, da ansonsten die Anzahl der zu formulierenden Regeln des Fuzzy-Regelblockes zu groß wird. Hinsichtlich der Grundlagen der Fuzzy Logic sei auf die weiterführende Literatur verwiesen (z. B. *Zimmermann 1991*).

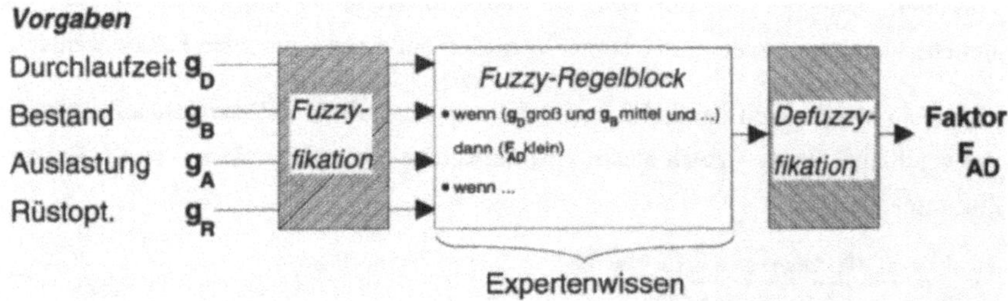

Bild 5-14: Prinzip der Abbildung

5.4.2.4   Algorithmus der Auftragseinplanung

Der Einfachheit halber wird in diesem Kapitel nur von Aufträgen gesprochen, da Ausschreibungen und Angebote bei der Auftragsbehandlung entsprechend behandelt werden. Die Grundlage des Algorithmus zur Auftragseinplanung bildet die freie Verschiebbarkeit der Aufträge innerhalb ihrer Zellendurchlaufzeiten (ZDLZ). Überlappen sich die ZDLZ mehrerer Aufträge, so entsteht ein Auftragsblock. Alle Einplanungssituationen lassen sich auf Auftragsblöcke zurückführen, die unabhängig voneinander geplant werden können. Kommt es durch die Neueinplanung eines Auftrages zu einer Überlappung bisher unabhängiger Auftragsblöcke, so entsteht ein neuer, größerer Auftragsblock (Bild 5-15). Im folgenden wird der entwickelte Algorithmus anhand eines Auftragsblockes beschrieben.

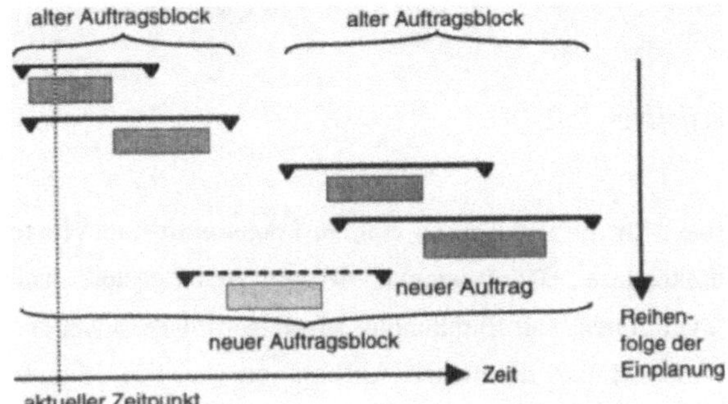

Bild 5-15: Bildung von Auftragsblöcken

In bestimmten Situationen kann es zu einer Einschränkung der Dispositionsfreiheit in einem Auftragsblock kommen. Eine Verklemmung tritt z. B. auf, wenn ein Auftrag am Ende seiner ZDLZ eingeplant wurde und nicht weiter in die Zukunft verschoben werden kann (Bild 5-16).

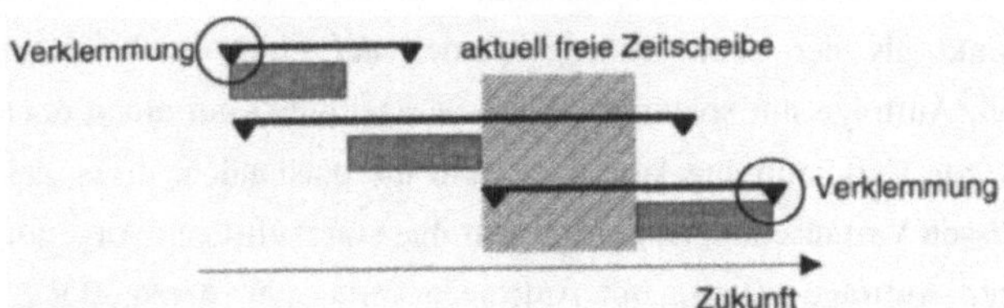

Bild 5-16: Verklemmung

Im Falle einer Blockierung sind sowohl am Anfang als auch am Ende eines Auftragsblockes Aufträge verklemmt und innerhalb des Blockes sind nicht genügend freie Zeitscheiben für eine Neueinplanung vorhanden (Bild 5-17)

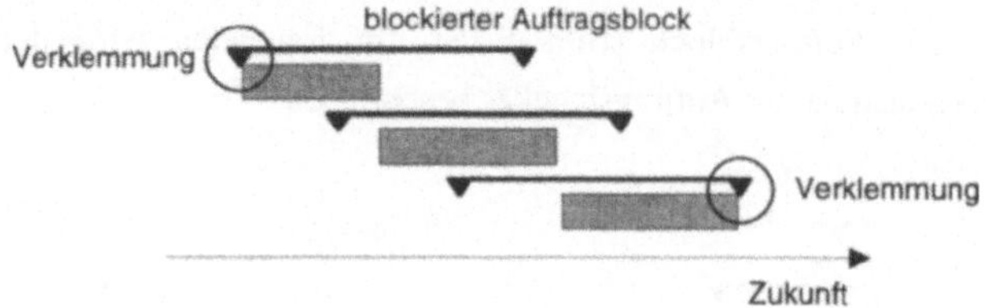

Bild 5-17: Blockierung

Als Ausgangsbasis für die Einplanung von Aufträgen wird ihre Vorsortierung anhand der Startzeitpunkte ihrer ZDLZ genutzt. So wird sichergestellt, daß eine minimale Anzahl von Operationen zur Einplanung eines Auftrages ausreicht. Gibt es keine Überlappungen der ZDLZ des neuen Auftrags mit den ZDLZ bereits eingeplanter Aufträge - bestehen also keine Restriktionen hinsichtlich der Einplanung des Auftrages - so wird er in der Mitte seiner ZDLZ eingeplant. Andernfalls wird ein neuer Auftrag dem vorhandenen Auftragsblock zugeordnet. Dann wird seine prinzipielle Einplanbarkeit überprüft, indem die Summe der Zellenbearbeitungszeiten der Aufträge mit der Länge des Auftragsblockes verglichen wird. Ist der Auftrag prinzipiell einplanbar, so wird versucht, eine ausreichend große freie Zeitscheibe zur Einplanung zu erzeugen. Dazu werden die Aufträge zunächst ausschließlich verschoben, ohne die existierende Reihenfolge zu verändern. Aufträge mit einem früheren ZDLZ-Startzeitpunkt als der neue Auftrag werden auf einen noch früheren Zeitpunkt verschoben, Aufträge mit späterem ZDLZ-Startzeitpunkt auf einen noch späteren, bis es jeweils zur Verklemmung kommt. Reicht die entstandene freie Zeitscheibe nicht aus, so müssen Vertauschungen der Reihenfolge von Aufträgen vorgenommen werden. Verklemmte Aufträge werden mit Aufträgen vertauscht, deren ZDLZ weiter in die Richtung der Verschiebung reicht, so daß weiter verschoben werden kann. Reichen diese Maßnahmen nicht aus, so wird der Auftrag als nicht einplanbar abgelehnt.

Gegenüber einer Einplanung mit Hilfe der vollständigen Enumeration benötigt der beschriebene Algorithmus deutlich weniger Planungsaufwand und -zeit. Der Grund dafür ist zum einen, daß die bereits vorhandene Sortierung optimal genutzt wird. Zum anderen kann die Ausnutzung der beliebigen Verschiebbarkeit eines Auftrages innerhalb der ZDLZ immer nur durch mehrere Enumerationsläufe berücksichtigt werden.

5.4.2.5 Bewertung der Einplanung

Eine Zelle, die eine Ausschreibung erstellt hat, wird in der Regel mehr als ein Angebot erhalten, das die terminlichen Anforderungen erfüllt. Um dieser Zelle eine sinnvolle Bewertung und Auswahl zu ermöglichen, ergänzen die anbietenden Zellen ihr Angebot um ein Gütekriterium, das verschiedene Informationen zusammenfaßt:

- Die Zellenauslastung im Bereich der Zellendurchlaufzeit des neuen Auftrages.

- Die technische Verfügbarkeit der Zelle.

- Die Störungstoleranz der zum Einsatz kommenden Bearbeitungsverfahren, die zum einen von der Störungshäufigkeit und zum anderen von den vorhandenen Strategien zur Störungsbehandlung und möglichen Redundanzen abhängt.

- Die Möglichkeit der Zelle, Rüstoptimierungen durchzuführen sowie die Notwendigkeit, externe Ressourcen anzufordern.

- Die Unterschiede zwischen den zellen- und den auftragsspezifischen Vorgaben, die die Disposition in der Zelle erschweren können.

- Die Anzahl der involvierten Lieferanten im Fertigungssystem.

Mit Hilfe des Gütekriteriums wird auch sichergestellt, daß alle Zellen im autonomen Fertigungssystem gleichmäßig mit Aufträgen ausgelastet werden.

5.4.3 Aspekte der Autonomie

Im folgenden werden die Aspekte der Autonomie auf die Organisationsebene projiziert. Es werden sowohl die bereits beschriebenen Merkmale dargestellt als auch Hinweise auf zukünftige Möglichkeiten gegeben.

Aufgabenorientierung

Die Organisationsebene der Zellen leistet einen wesentlichen Beitrag zur Aufgabenorientierung in autonomen Fertigungssystemen. Zum einen identifiziert sie selbständig die Bearbeitungsschritte, die von der Zelle durchgeführt werden können. Zum anderen plant sie den Zeitpunkt der Bearbeitung in Abhängigkeit von ihren Vorgaben und den Terminen des Auftrags. Durch die Veränderung der logistischen Vorgaben besteht eine beliebige dynamische Beeinflußbarkeit der Auftragsdisposition in den Zellen.

Störungstoleranz

Die Auswirkungen von sporadischen, kurzzeitigen Störungen in autonomen Zellen auf die zellenübergreifende Auftragsbehandlung kann die Organisationsebene selbständig ausgleichen. Eine operative Abhängigkeit von übergeordneten Instanzen besteht nicht. Die Zelle nutzt ihre Freiheitsgrade zur Verschiebung der Aufträge innerhalb der Zellendurchlaufzeit. Reicht dieser Puffer nicht aus, so kann eine Kundenzelle ihren Lieferantenzellen innerhalb der eigenen Zellendurchlaufzeit zusätzliche Lieferzeit einräumen, ohne daß sich die Störung weiter im Fertigungssystem auswirkt. Deshalb wird immer versucht, Aufträge möglichst mittig in der Zellendurchlaufzeit einzuplanen, wie bereits im vorangegangenen Abschnitt erwähnt.

Treten dagegen länger anhaltende Störungen auf, nimmt die Organisationsebene vorübergehend keine Aufträge mehr an, die die gestörte Funktionalität benötigen. In besonders gravierenden Fällen muß eine Zelle erhaltene Aufträge an ihren Auftraggeber zurückgeben, die dieser neu ausschreibt. Um den Umplanungsaufwand minimal zu halten, muß versucht werden, die Lieferantenbeziehungen der gestörten Zelle unverändert weiter zu nutzen.

Reflexion

Zur kontinuierlichen Verbesserung der Auftragsbehandlung in autonomen Fertigungssystemen kann eine Fertigungszelle zukünftig die Güte ihrer Behandlung von Aufträgen selbständig beurteilen und entsprechende Reaktionen ableiten. Können z. B. die in den Aufträgen vereinbarten Termine von der Zelle nicht eingehalten werden, beispielsweise durch verminderte Leistungsfähigkeit der Bearbeitungsfunktionen, so kann die Zellenbearbeitungszeit intern höher angesetzt werden, als in der Ausschreibung vorgesehen. Wird die in den Aufträgen geforderte Qualität nicht eingehalten, kann z. B. eine Wartung der entsprechenden Zellenkomponente veranlaßt werden. Erhält eine Zelle keine Angebote für ihre Ausschreibungen, adaptiert sie ihre Ausschreibungen im Rahmen ihrer Möglichkeiten, falls sie z. B. feststellt, daß sie überproportionale Liegezeitanteile beansprucht. Darüber hinaus kann sich eine Zelle zukünftig an das typische Auftragsspektrum in einem Fertigungssystem anpassen, indem sie zunächst nicht um Aufträge konkurriert, die keine zelleninterne Optimierung zulassen, da sie davon ausgeht, daß noch entsprechende Aufträge kommen werden.

Zudem muß die Zelle ihre eigene Verfügbarkeit und die Störungstoleranz der Bearbeitungsverfahren kontinuierlich neu berechnen.

Adaption

An Veränderungen der Zellenkonfiguration kann sich die Organisationsebene selbständig anpassen, da sich neue oder veränderte Agenten bei der Organisationsebene anmelden. Sind aufgrund von Störungen bestimmte Fähigkeiten von Agenten, z. B. das "Bohren" bei einer Bearbeitungseinheit, nicht verfügbar, paßt die Zelle ihr Dispositionsverhalten selbständig an die veränderte Situation an und konkurriert nicht mehr um Aufträge, die eine Bohrbearbeitung in der Zelle erfordern würden.

Transparenz

Alle Daten der Auftragsbehandlung, d. h. Informationen zu Ausschreibungen, Angeboten, Aufträgen und Vorgaben, sind für den Benutzer jederzeit abrufbar und visualisierbar.

5.5   Koordinationsebene

5.5.1   Steuerung von Abläufen mittels Petrinetzen

Die Koordinationsebene koordiniert anhand von sogenannten Auftrags-Petrinetzen die Abläufe in der Zelle und das Zusammenspiel der Agenten im Rahmen der Auftragsdurchführung. Die verwendeten Petrinetze können als aufgabenorientierte Netze bezeichnet werden, in denen in abstrakter Form die in der Zelle durchzuführenden Aufgaben - unabhängig von den dazu einzusetzenden Agenten - beschrieben werden. Durch ihren niedrigen Detaillierungsgrad sind diese Netze besonders gut vom Benutzer nachzuvollziehen.

Diese Vereinfachung der Ablaufbeschreibung ist ein wesentlicher Vorteil, der aus dem Prinzip der Bildung von Tasks resultiert, das im Rahmen dieser Arbeit entwickelt wurde. In einer Task werden die Agentenfunktionen eines oder mehrerer Agenten zusammengefaßt, die zur Erfüllung einer spezifischen Aufgabe, z. B. für die Übergabe von Werkstücken, in der Zelle erforderlich sind. Somit entsteht eine zweistufige Hierarchie von Petrinetzen in der Koordinationsebene: Auftrags-Petrinetze und Task-Petrinetze. Die Transitionen in den Auftrags-Petrinetzen repräsentieren Tasks, während die Transitionen in den Task-Petrinetzen Agentenfunktionen darstellen (Bild 5-18).

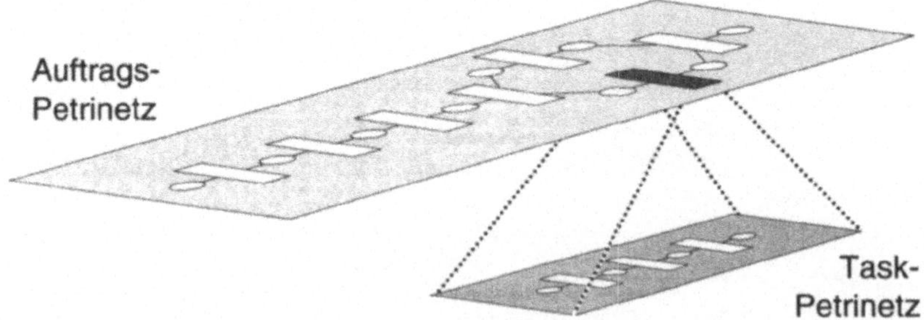

Bild 5-18: Auftrags- und Task-Petrinetze

Wird im Auftrags-Petrinetz eine Task aktiviert, so wird das zugehörige Task-Petrinetz ausgeführt. Dabei werden die einzelnen Agentenfunktionen aufgerufen. Ein weiterer

Vorteil der Task-Petrinetze besteht darin, daß sie auftragsunabhängig sind und in beliebigen Auftrags-Petrinetzen unverändert eingesetzt werden können. Dagegen sind die Auftrags-Petrinetze in der Regel auftragsspezifisch, da die Abläufe in den Zellen je nach Auftrag variieren können.

Die Task-Petrinetze besitzen eine einheitliche Struktur, in der zwischen vorbereitenden Agentenfunktionen, z. B. Ermittlung von Start- und Zielort bei einer Übergabe, und ausführenden Agentenfunktionen, z. B. die eigentliche Übergabe, unterschieden wird (Bild 5-19). Die Verzweigungen in die Petrinetz-Äste, die nur eine NOP (No Operation, d. h. Leerfunktion) enthalten, können genutzt werden, wenn eine Task nur vorbereitet oder nur ausgeführt werden soll.

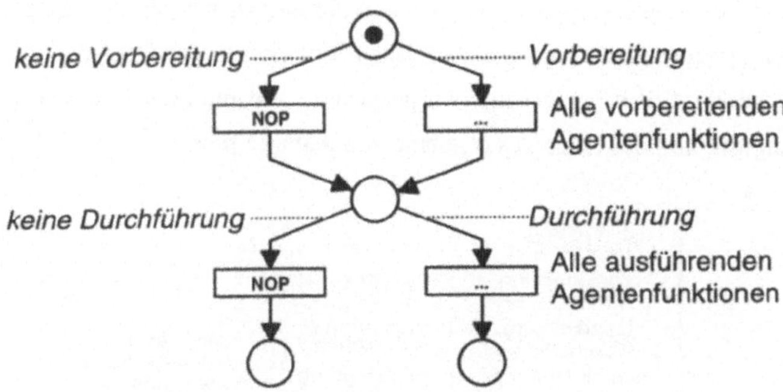

Bild 5-19: Einheitliche Struktur der Task-Petrinetze

5.5.2 Phasen der Auftragsabwicklung

Die Durchführung eines Auftrages wird in die drei Phasen Vorbereitung, Bearbeitung und Nachbereitung unterteilt, die jeweils durch ein eigenes Auftrags-Petrinetz repräsentiert werden. Im Rahmen der Vorbereitung eines Auftrags stellt die Koordinationsebene sicher, daß alle zur Auftragsdurchführung benötigten Werkzeuge und Betriebsmittel vorhanden und von den Agenten einsetzbar sind. Sind extern angeforderte Betriebsmittel nicht eingetroffen, so muß der Auftrag zurückgestellt werden.

Im Anschluß an die erfolgreiche Vorbereitung folgt die Bearbeitungsphase, in der die wertschöpfenden Aktionen durchgeführt werden. Dazu kann gegebenenfalls auch die

Vermessung von Teilen gehören. Ist für die Durchführung einer Aufgabe die Zusammenarbeit mehrerer Agenten erforderlich, z. B. bei Übergabevorgängen, so teilt die Koordinationsebene dies den Agenten mit. Der detaillierte Austausch von Meldungen zur exakten zeitlichen Abstimmung (Synchronisation) der Agenten untereinander ist dagegen Aufgabe der beteiligten Agenten. Parallel zur Bearbeitung eines Auftrages wird soweit wie möglich mit der Vorbereitung des nächsten Auftrages begonnen, so daß die Bearbeitungskapazität in der Zelle optimal genutzt wird (Bild 5-20).

Sind alle Werkstücke erfolgreich bearbeitet worden, wird parallel zur Bearbeitung des folgenden Auftrags das nachbereitende Auftrags-Petrinetz abgearbeitet. Bei dieser Nachbereitung von Aufträgen wird unter anderem der Abtransport nicht mehr benötigter Betriebsmittel angestoßen. Der Aspekt der parallelen Bearbeitung unterschiedlicher Aufträge in einer Zelle, der sowohl Auswirkungen auf die Koordination der Zellenagenten als auch auf die Auftragsdisposition in der Organisationsebene hat, steht in dieser Arbeit nicht im Vordergrund. Einschränkungen hinsichtlich der Allgemeingültigkeit des Ansatzes ergeben sich dadurch nicht.

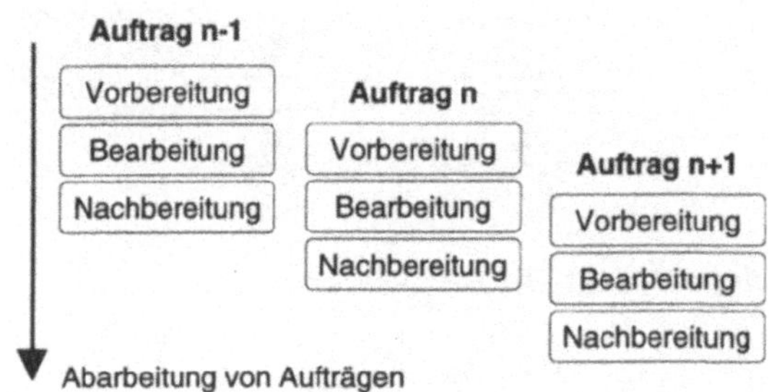

Bild 5-20: Parallelisierung der Auftragsdurchführung

5.5.3   Störungsbehandlung in der Koordinationsebene

5.5.3.1 Motivation

In der Koordinationsebene werden die Störungen behandelt, die von den Agenten nicht selbständig behoben werden können oder die bei der Kooperation von Agenten auftreten. Dazu können verschiedene Funktionen und Konzepte zur Störungsbehandlung in die Koordinationsebene eingebunden werden. Die von *Milberg & Ebner (1994, S. 97)* durchgeführten Analysen haben gezeigt, daß in automatisierten Systemen insbesondere die Peripheriefunktionen, d. h. die Werkstück- und Werkzeughandhabung, fehleranfällig sind. Außerdem sind Störungen innerhalb von Sequenzen, in denen mehrere Komponenten synchron zueinander arbeiten, besonders problematisch *(Boge u. a. 1990, S. 411)*. Störungen, die bei der Übergabe von Werkstücken und Werkzeugen entstehen, sind daher nur schwer automatisiert behebbar. Typische Fehler bei Übergaben sind z. B. ein fehlendes Übergabeobjekt, Kollisionen des aktiven, d. h. handhabenden Agenten am Start- oder Zielort, sowie fehlende Aufnahmekapazität am Zielort. Im allgemeinsten Fall einer Übergabe sind drei Agenten beteiligt und von der Störung betroffen. Dieser Fall steht bei dem in dieser Arbeit entwickelten Konzept im Vordergrund. Dabei wird insbesondere gezeigt, welche Möglichkeiten aus der gewählten Verteilung der Steuerungskompetenz sowie der konsequenten Aufgabenorientierung resultieren.

5.5.3.2 Grundlagen der Störungsbehandlung

Zu den im folgenden dargestellten Grundlagen der Störungsbehandlung in der Koordinationsebene gehören die Modellierung von Agentenzuständen und Übergabevorgängen, die Fehlerbäume und das Logbuch.

Modellierung von Agentenzuständen

Führt ein Agent eine Agentenfunktion aus, so kann ihm ein Ausgangs- und ein Endzustand (AZ und EZ) zugeordnet werden. Darüber hinaus besteht eine direkte Abhängigkeit zwischen vorbereitenden und ausführenden Agentenfunktionen, die durch den Vorbereitungsgrad eines Agenten beschrieben wird. Erst wenn ein Agent durch den Aufruf einer Agentenfunktion entsprechend vorbereitet worden ist, d. h. den richtigen Vorbereitungsgrad besitzt, kann er eine hardwaretechnische Operation ausführen. Die Änderungen des Vorbereitungsgrades eines Agenten sind in Bild 5-21 dargestellt. Die in Bild 5-21 erkennbare Unterscheidung mehrerer Vorbereitungsgrade ist für Übergaben erforderlich, bei denen dem handhabenden Agenten Start- und Zielort mittels einer vorbereitenden Agentenfunktionen mitgeteilt werden. Die Zustände des Agenten inklusive des Vorbereitungsgrades werden in der Koordinationsebene abgelegt. Darüber hinaus wird in der Koordinationsebene der Orts- und

Bearbeitungszustand des Produkts gespeichert. Manche Agentenfunktionen, z. B. die Vorbereitung von Übergaben, beeinflussen den Zustand des Produkts nicht.

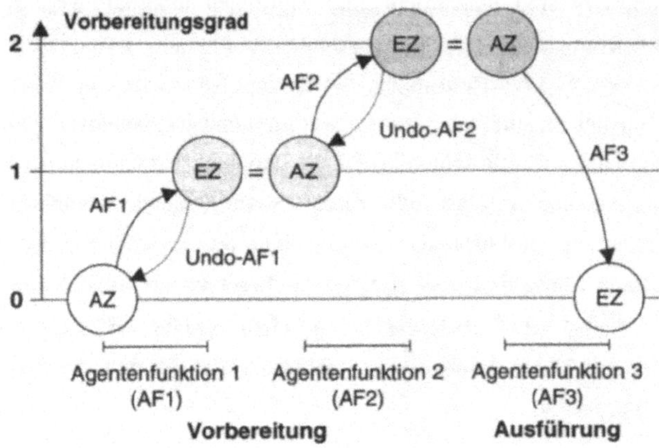

Bild 5-21: Zustände und Vorbereitungsgrad von Agenten

Im Rahmen der Störungsbehandlung werden sogenannte Undo-Agentenfunktionen eingesetzt, um bereits durchgeführte Agentenfunktionen rückgängig zu machen (Bild 5-21). Im Falle einer Vorbereitung eines Agenten kann diese z. B. aufgehoben werden, um den Agenten für eine andere Aufgabe vorzubereiten. Dabei wird die Reversibilität mancher Agentenfunktionen genutzt, die den Bearbeitungszustand des Produkts nicht verändern. Treten bei der Durchführung einer Agentenfunktion Störungen auf, so bewirkt der Aufruf einer Undo-Agentenfunktion die Rückkehr zum Ausgangszustand der Agentenfunktion im Sinne einer "backward-recovery". Der Aufruf der Reset-Agentenfunktion versetzt den Agenten direkt in den Ausgangszustand der Agentenfunktion mit Vorbereitungsgrad Null.

Steuerungstechnische Modellierung von Übergabevorgängen

Die Vorgänge im Rahmen einer Übergabe sind durch ein Synchronisationsschema eindeutig festgelegt. Die Phasen, die die drei beteiligten Agenten durchlaufen, werden durch einen Steuerungsstatus eindeutig beschrieben (Bild 5-22). Im Falle einer Störung teilt jeder Agent der Koordinationsebene mit, ob er sich im Ausgangs-, End- oder

Zwischenzustand (ZZ) befindet. Anhand dieser Informationen kann die vorliegende Situation eindeutig beurteilt werden.

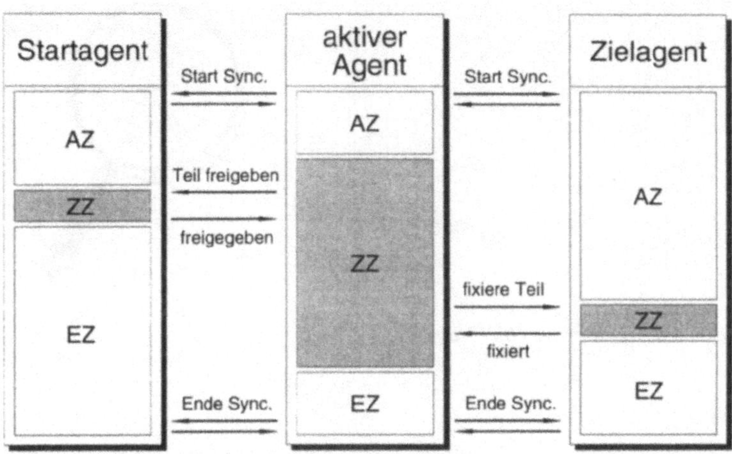

Bild 5-22: Der Steuerungsstatus der Agenten während einer Handhabung

Fehlerbäume

Zur Beschreibung der Zusammenhänge zwischen Fehlermeldungen, Fehlerursachen und entsprechenden Behebungsmaßnahmen werden in der Koordinationsebene Fehlerbäume eingesetzt. In den Bäumen werden verschiedene Ursachen von Fehlern inklusive ihrer Wahrscheinlichkeiten sowie Behebungsstrategien und deren Erfolgswahrscheinlichkeit abgelegt (Bild 5-23). Einträge in die Fehlerbäume können vom Entwickler oder vom Benutzer vorgenommen werden. Das Prinzip der Aufgabenorientierung wird durch die Bildung taskspezifischer Fehlerbäume auch im Rahmen der Störungsbehandlung konsequent verfolgt. Da eine Fehlermeldung in mehreren Task-Fehlerbäumen auftauchen kann, führt dieses Vorgehen zu Redundanzen in den Fehlerbäumen. Diese werden bewußt in Kauf genommen, da nur so die situationsabhängig korrekte Interpretation der Meldungen der Agenten sichergestellt werden kann.

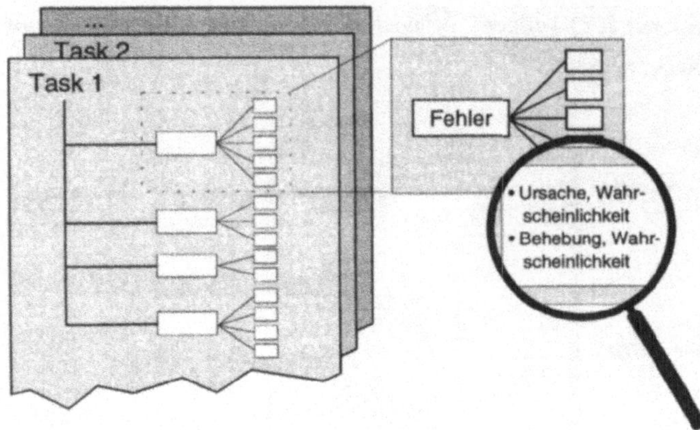

Bild 5-23: Taskorientierte Fehlerbäume

Logbuch

Um auf fehlgeschlagene Versuche zur Störungsbehebung oder auf wiederholt auftretende Fehler differenziert reagieren zu können, protokolliert die Koordinationsebene die durchgeführten Tasks, die aufgetretenen Fehler und die eingesetzten Störungsbehebungsmaßnahmen in einem Logbuch.

5.5.3.3 Störungserkennung

Die wesentliche Grundlage der Störungserkennung in der Koordinationsebene bilden die Rückmeldungen der Agenten über fehlerhaft durchgeführte Agentenfunktionen inklusive Angaben über den eigenen Zustand und den des Werkstückes. Zudem werden durch die Zeitüberwachung angestoßener Agentenfunktionen bei fehlenden Rückmeldungen der Agenten Störungen erkannt. Darüber hinaus können auch Funktionsprüfungen oder Selbsttests der Agenten von der Koordinationsebene angestoßen werden.

5.5.3.4 Störungslokalisierung

Ausgehend von den Ergebnissen der Störungserkennung werden entsprechende Fehlermeldungen generiert, die in den Fehlerbäumen abgebildet sind. Anhand der

Eintragungen im Fehlerbaum sowie der im Logbuch verzeichneten Prozeßhistorie kann die Störungsursache sowie eine geeignete Maßnahme zur Störungsbehebung ermittelt werden. Bei Übergabe-Tasks liefern die Steuerungszustände der Agenten zusätzliche Informationen über die Störungssituation. Kann keine Störungsursache identifiziert werden oder ist die Störungsbehebung nicht selbständig vom System durchführbar, so wird der Benutzer eingeschaltet.

5.5.3.5 Störungsbehebung

In Abhängigkeit von den Ergebnissen der Störungslokalisierung findet in der Koordinationsebene eine taskinterne, eine taskübergreifende oder eine werkstückübergreifende Störungsbehebung statt (Bild 5-24). Unabhängig von der Art der Störung werden Meldungen und Behebungsmaßnahmen im Logbuch protokolliert.

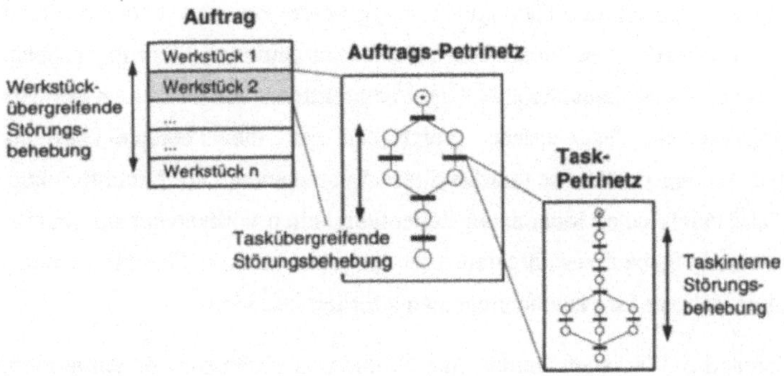

Bild 5-24: *Taskinterne, taskübergreifende und werkstückübergreifende Störungsbehebung*

Die taskinterne Störungsbehebung ist nur dann sinnvoll, wenn die Störung durch die Wiederholung der fehlgeschlagenen Agentenfunktion bei Variation der Aufrufparameter behoben werden kann. Ein Beispiel dafür sind Störungen, die sich durch die Veränderung von Start- oder Zielposition bei einer Übergabe beseitigen lassen. Um alle Agenten zunächst wieder in den Ausgangszustand bringen zu können, wird im Anschluß an die Störungslokalisierung die Abarbeitungsrichtung des Task-Petrinetzes umgekehrt. Die der Netzabarbeitung zugrunde liegende Petrinetz-Logik wird beibehalten. Anstelle der im Netz aufgeführten Agentenfunktionen werden aber entweder die zugehörigen Undo-Agentenfunktionen aufgerufen oder Leerfunktionen, die nur das Petrinetz weiterschalten. Die Rückwärtsabarbeitung des Petrinetzes wird fortgesetzt, bis die neu vorzubereitenden Agenten einen Vorbereitungsgrad von Null besitzen. Parallel dazu können korrigierende Maßnahmen, z. B. eine Reinitialisierung des Werkstückspeichers, in der Zelle getroffen werden. Anschließend wird wieder in den Vorwärtsmodus der Petrinetz-Abarbeitung umgeschaltet. Bei der erneuten Vorbereitung der Agenten können veränderte Parameter für die Durchführung der Agentenfunktionen vergeben werden.

Eine taskübergreifende Störungsbehebung findet statt, wenn ein beteiligter Agent durch eine Störung zumindest vorübergehend nicht mehr einsetzbar ist. Zunächst wird die gestörte Task beendet und bei allen beteiligten Agenten die Reset-Agentenfunktion aufgerufen, die sie in ihren Ausgangszustand versetzt. Anschließend wird die im Fehlerbaum verzeichnete Therapie-Task gestartet, die die höchste Erfolgswahrscheinlichkeit besitzt, um möglicherweise die aufgetretene Störung zu beheben. So kann z. B. der aktive, handhabende Agent neu referenziert werden. Anschließend wird die unterbrochene Task erneut aufgerufen. Hat die Therapie-Task nicht zur Störungsbehebung geführt, so werden alternative Agenten zur Durchführung der Task ausgewählt. Falls keine redundanten Zellenfähigkeiten vorhanden sind, kann auch der Benutzer die Aufgabe eines defekten Agenten übernehmen. Alternativ kann z. B. auch ein mobiler Roboter für Handhabungen angefordert werden.

Sobald sich das Werkstück durch eine Störung in einem nicht definierten Zustand befindet, z. B. bei einem Werkzeugbruch, wird eine werkstückübergreifende Störungsbehebung eingeleitet. Zunächst wird - wie bei der taskübergreifenden Störungsbehebung - die gestörte Task beendet und bei allen beteiligten Agenten die Reset-Agentenfunktion aufgerufen. Anschließend wird die Abarbeitungsrichtung des Auftrags-Petrinetzes umgekehrt. Während der Rückwärtsabarbeitung wird die Wirkung der Tasks im Auftrags-Petrinetz kompensiert: Die letzte korrekt durchgeführte Übergabetask wird durch die Übergabe des Werkstückes in einen Ausschußpuffer kompensiert. Bearbeitungstasks oder frühere Übergabetasks werden nicht kompensiert, statt dessen wird das Petrinetz einfach weitergeschaltet. Ist die Anfangsstelle des Petrinetzes erreicht, wird erneut ein Richtungswechsel durchgeführt. Parallel zur Rückwärtsabarbeitung des Auftrags-Petrinetz wird eine Therapie-Task gestartet, um die Störungs-ursache zu beheben und ein zusätzliches Rohteil anzufordern. Ist die Therapie-Task erfolgreich abgeschlossen worden und ein Rohteil vorhanden, kann das Auftrags-Petrinetz erneut abgearbeitet werden. Andernfalls wird ein neuer Auftrag durchgeführt.

5.5.3.6 Bewertung des Ansatzes zur Störungsbehandlung

Der dargestellte Ansatz beschäftigt sich ausschließlich mit der Behandlung der Störungen, die bei der Kooperation von Agenten auftreten. Gleichzeitig bildet er aber die Grundlage für weitere Funktionen zur Störungsbehandlung, die z. B. auf den bestehenden Fehlerbäumen aufbauen können.

Die in dieser Arbeit entwickelte Methode der Richtungsumkehr bei der Abarbeitung von Petrinetzen sowie die Kompensation durchgeführter Aktionen ermöglicht es, die übersichtliche und leicht nachvollziehbare Struktur der Petrinetze beizubehalten. Dage-gen würde die Verwendung von Verzweigungen und Alternativaktionen in den Petri-netzen sehr schnell zu aufwendigen und nicht mehr beherrschbaren Netzstrukturen führen. Durch den Einsatz taskorientierter Fehlerbäume ist die Störungsbehandlung weitgehend allgemeingültig, d. h. nicht auf spezielle Situationen zugeschnitten, und unabhängig von den Agenten, die die Task ausführen (vgl. *Tönshoff u. a. 1990, S. 30*). Zudem benötigt die Koordinationsebene weder umfassendes Wissen noch detaillierte Informationen über die Agenten. Statt dessen wird die Intelligenz der Komponenten zur Störungsbehandlung genutzt. Durch die Integration von Steuerung und Störungsbehandlung kann nicht nur die Fehlererkennung und -lokalisierung, sondern insbesondere auch die Behebung automatisiert erfolgen.

5.5.4 Aspekte der Autonomie

Im folgenden werden die für die Koordinationsebene wichtigen Aspekte der Autonomie aufgezählt, wobei sowohl die vorab bereits genannten Merkmale dargestellt werden als auch auf zukünftige Möglichkeiten hingewiesen wird.

Aufgabenorientierung

Durch die aufgabenorientierte Beschreibung der Abläufe in autonomen Fertigungszellen kann die Koordinationsebene die Agenten zur Ausführung einer Aufgabe
selbständig auswählen. Diese Entscheidung orientiert sich daran, wie verfügbar die
Agenten sind, welche Fähigkeiten die Agenten besitzen, welcher Agent zuletzt
genommen wurde (Kürzlichkeit) oder welcher am häufigsten genommen wurde
(Häufigkeit) *(Zeigler 1989)*. In Abhängigkeit von den Fähigkeiten der einzelnen
Agenten werden ihnen unterschiedlichen Freiheitsgrade bei der Funktionsausführung
gewährt. Zukünftig kann die Koordinationsebene auch die Abläufe in der
Fertigungszelle planen, wenn Aufträge erstmalig durchgeführt werden.

Störungstoleranz

Der Aspekt der Störungstoleranz wurde bereits in Kap. 5.5.3 behandelt.

Reflexion

Im Sinne der Reflexion kann die Koordinationsebene selbständig die Wahrscheinlichkeiten für Fehler oder erfolgreiche Fehlerbehebungsmaßnahmen verändern. So
wird sichergestellt, daß immer die Maßnahmen zur Fehlerbehebung gewählt werden,
die aktuell die größte Erfolgswahrscheinlichkeit besitzen. Zudem ist die Koordinationsebene zukünftig in der Lage, die Agenten zu beobachten, und deren normales
Verhalten, d. h. ihre Zustände und Zustandsübergänge, zu erlernen. Die Verfügbarkeit
von Agenten sowie die Störungstoleranz von Agentenfunktionen kann selbständig
beobachtet und bewertet werden, um Rückschlüsse auf die Agentenauswahl zu ziehen.

Adaption

Die Koordinationsebene benötigt keine detaillierten Informationen über die Agenten in
der Zelle. Sie wird mit Hilfe von Meldungen über neue Agenten oder erweiterte
Fähigkeiten bestehender Agenten informiert und paßt sich selbständig an die
veränderte Situation an.

Transparenz

Die Durchführung der Task- und Auftragspetrinetze sowie der Ablauf der
Störungsbehandlung kann jederzeit visualisiert werden.

5.6 Ausführungsebene

5.6.1 Generischer Aufbau der Agenten

Trotz der Heterogenität der Agentenfunktionen, die verschiedene Agenten in einer Zelle zur Verfügung stellen, sollen die Agenten im Sinne der Verringerung der Komplexität einen möglichst homogenen, generischen Grundaufbau besitzen. Zu den einheitlichen Bausteinen, die in allen Agenten benötigt werden, gehören die Module zur Verhaltens- und Zustandsmodellierung, zur Durchführung von Agentenfunktionen und zur Synchronisation mit anderen Agenten (Bild 5-25).

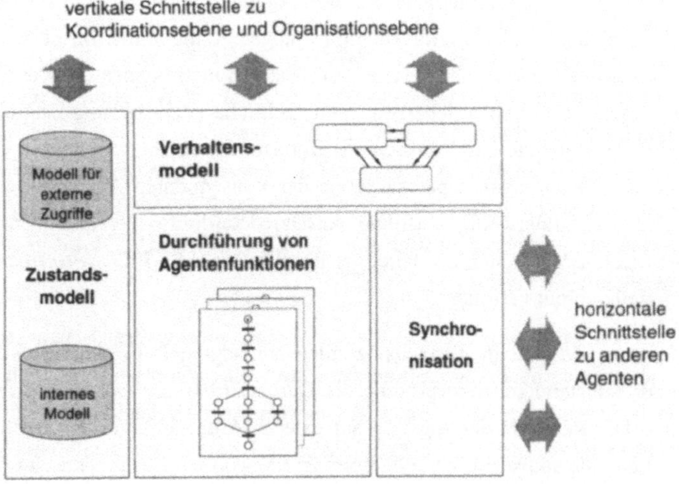

Bild 5-25: Generischer Aufbau von Agenten

Die Einheitlichkeit der Agenten hinsichtlich ihres Aufbaus und ihrer horizontalen und vertikalen Schnittstellen bietet wesentliche Vorteile. Zum einen wird die Komplexität reduziert und der Aufwand zur Erstellung der Agenten sinkt. Zum anderen können Agenten leicht ausgetauscht und zusätzliche Agenten in das System integriert werden, ohne die Struktur der Steuerung ändern zu müssen. Das strategische Verhalten der Agenten wird im Rahmen der koordinierten Kooperation durch die Koordinationsebene festgelegt. Dagegen wird das taktische Verhalten eines Agenten durch sein Verhaltensmodell beschrieben. Das operative Verhalten, d. h. die Reaktion auf Ereignisse während der Durchführung von Agentenfunktionen, wird durch die Beschreibung der Agentenfunktionen festgelegt. Das taktische und das operative Verhalten der Agenten wird in den folgenden zwei Kapiteln beschrieben.

5.6.2   Zustands- und Verhaltensmodellierung

Die Grundlage der Verhaltensmodellierung bilden die Zustandsmodelle im Agenten. Hinsichtlich der Zustandsmodellierung muß zwischen dem internen Modell und dem Modell für externe Zugriffe unterschieden werden (Bild 5-25). Das interne Modell beinhaltet detaillierte Informationen über den Agenten. Dagegen sind im Modell für externe Zugriffe nur verdichtete Informationen abgelegt, die immer im Zusammenhang mit der Erfüllung einer Aufgabe stehen. Auf dieses Modell können die Koordinations- und die Organisationsebene jederzeit ohne zeitliche Verzögerung zugreifen. Die ausschließliche Bereitstellung verdichteter Informationen ist wegen der gewählten Verteilung der Steuerungskompetenz sowie der konsequenten Aufgabenorientierung ausreichend. Der anderweitig verfolgte Ansatz, detaillierte Informationen über die Komponenten zur Verfügung zu stellen, z. B. mittels MAP/MMS, wird in autonomen Fertigungszellen nicht verfolgt.

Die im internen Modell in Zustandsvariablen abgelegten Informationen können die Agenten zur selbständigen Überprüfung der Durchführbarkeit von Agentenfunktionen verwenden. Die Reaktion der Agenten auf externe Anforderungen zur Erfüllung von Aufgaben kann als taktisches Verhalten bezeichnet werden. Das gewünschte Verhalten der Agenten muß im Rahmen der Systementwicklung festgelegt werden. Ein besonders gut geeignetes methodisches Werkzeug zur Beschreibung des Agentenverhaltens sind die von *Harel (1988)* entwickelten Statecharts. Sie stellen eine Erweiterung herkömmlicher Zustands-Übergangs-Diagramme um die Eigenschaften der Hierarchie, der Orthogonalität im Sinne von Unabhängigkeit sowie des Gedächtnisses dar. Hierarchie bedeutet, daß Zustände mehrere Subzustände besitzen können. Neue, unabhängige Zustandsvariablen können als orthogonale Variablen in die Zustands-darstellung integriert werden. Die Orthogonalität verhindert die starke Zunahme der gültigen Zustände bei wachsender Anzahl der Zustandsvariablen, die schnell zur

Unübersichtlichkeit herkömmlicher Darstellungen führt. Die Gedächtniseigenschaft ermöglicht die korrekte Rückkehr in den bereits früher eingenommenen Subzustand eines Zustandes (Bild 5-26) *(Harel 1988, S. 521ff)*.

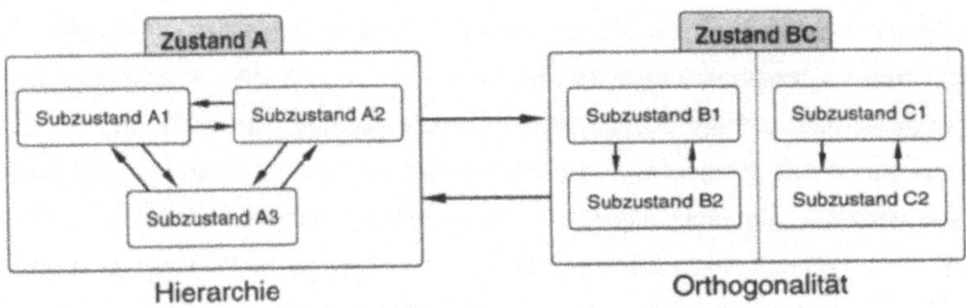

Bild 5-26: Darstellung von Zuständen und Zustandsübergängen mittels Statecharts

Im Gegensatz zur Beschreibung von Steuerungsvorgängen mittels Petrinetzen sind die Zustandsübergänge in Statecharts zeitlos. So wird sichergestellt, daß sich ein Agent immer in einem definierten Zustand befindet und deterministisch auf interne oder externe Ereignisse reagiert. Während der Durchführung einer Agentenfunktion puffert ein Agent z. B. alle eintreffenden Meldungen, die aktuell nicht relevant sind, und bearbeitet sie erst zu einem späteren Zeitpunkt. Ein Beispiel für ein Statechart eines Agenten wird in Kap. 6 vorgestellt.

5.6.3 Bildung und Durchführung von Agentenfunktionen

Um die Syntax und Semantik zur Steuerung der Aufgabenausführung in einer Zelle zu vereinheitlichen, wurde in dieser Arbeit das Konzept der Agentenfunktionen entwickelt. Gleiche Funktionen in unterschiedlichen Agenten können identisch angesprochen werden, auch wenn die Art der Aufgabenerfüllung in den Agenten verschieden ist. In Abhängigkeit von ihren Fähigkeiten benötigen unterschiedliche Agenten für die gleiche Aufgabe aber durchaus unterschiedlich detaillierte Informationen. So benötigt z. B. ein Roboter mit integrierter Bildverarbeitung und Fähigkeit zur Greifplanung - im Gegensatz zu einem herkömmlichen Roboter - keine Kenntnisse über Greifpunkte an dem zu handhabenden Objekt. Die Vollständigkeit der gebildeten Agentenfunktionen kann anhand des Aufgabenspektrums der Zelle leicht überprüft werden.

Agentenfunktionen lassen sich in Abhängigkeit von ihrer Komplexität in einzelne Elementaroperationen zerlegen (vgl. *Rembold & Dillmann 1989*). Die Elementaroperationen, die außerhalb des Agenten nicht bekannt sind, werden so gebildet, daß sie in mehreren Agentenfunktionen verwendet werden können. Die Abarbeitung der Elementaroperationen erfolgt mittels einer Ablaufsteuerung, die z. B. auf Petrinetzen basieren kann. Die Reihenfolge der Elementaroperationen, deren Parameterisierung und die Auswahl möglicher alternativer Elementaroperationen legt das operative Verhalten des Agenten fest. Die Aufteilung der Agentenfunktionen in Elementaroperationen ist zwar aufwendig, trägt aber zur Störungstoleranz bei, da Mechanismen zur Störungsbehandlung direkt in die Elementaroperationen integriert werden können.

Hinsichtlich ihrer zeitlichen Abfolge können zwei Arten von Agentenfunktionen, vorbereitende und ausführende Funktionen, unterschieden werden. Bevor ein Agent eine Aufgabe durchführen kann, muß zunächst durch eine sogenannte vorbereitende Agentenfunktion die Voraussetzung dafür geschaffen werden. Sind alle relevanten Vorbedingungen erfüllt und alle vorbereitenden Maßnahmen abgeschlossen, z. B. die Aufnahme des richtigen Greifers für eine Übergabeoperation, wird der Agent für die durchzuführende Funktion reserviert, so daß die vorbereitenden Maßnahmen nicht durch eine andere Funktion wieder obsolet gemacht werden können. Anschließend wird die Durchführung der Aufgabe durch den Aufruf der entsprechenden ausführenden Agentenfunktion angestoßen. Die Verwendung der vorbereitenden Agentenfunktionen stellt sicher, daß bei der Kooperation von Agenten alle Vorbereitungen abgeschlossen sind, bevor die Agenten synchronisiert werden. So kann zugunsten der Störungstoleranz die Dauer der notwendigen Abhängigkeit der Agenten voneinander minimiert werden. Alle Agentenfunktionen, die Kooperationen beinhalten, werden so formuliert, daß die Kooperation mit beliebigen anderen Agenten und nicht nur mit spezifischen Agenten stattfinden kann. Der korrekte Ablauf von Kooperationen wird durch das im folgenden vorgestellte Synchronisationsschema sichergestellt.

5.6.4 Synchronisationsschema zur Kooperation von Agenten

Ein Teil der Aufgaben in Fertigungszellen erfordert die Kooperation von Agenten. Die Übergabe von Objekten, z. B. Werkstücken, mit zwei oder drei beteiligten Agenten ist die wesentliche Form der Kooperation in Fertigungszellen. Sie soll im folgenden im Vordergrund stehen. Nimmt ein Agent, z. B. ein Roboter, ein Objekt aus dem Bereich eines zweiten Agenten, z. B. einer Werkstückverwaltung, und bewegt es in den Bereich eines dritten, z. B. einer Bearbeitungseinheit, so müssen für die Dauer der Handhabung die drei Agenten synchronisiert werden. Um in dieser Situation eine geregelte Kooperation sicherzustellen, wurde in dieser Arbeit ein einheitliches Synchronisationsschema entwickelt, auf das in Kap. 5.5.3.2 mit Bild 5-22 schon bezug genommen wurde (Bild 5-27).

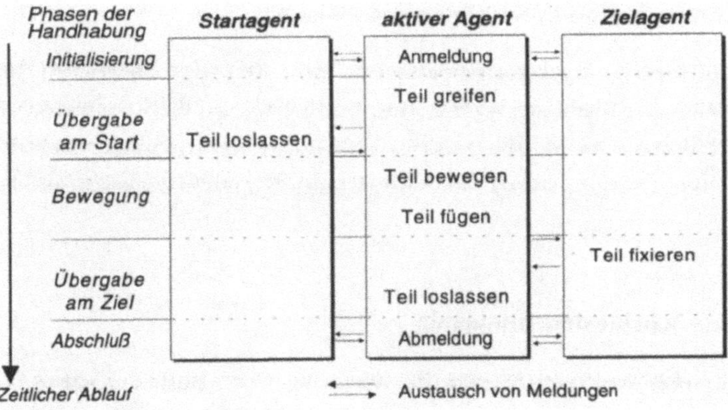

Bild 5-27: Synchronisationsschema

Bevor eine Übergabe stattfindet, stellt die Koordinationsebene zunächst die korrekte Vorbereitung der beteiligten Agenten sicher. Anschließend löst die Koordinationsebene bei allen drei beteiligten Agenten den Start der Übergabe aus, die diese dann komplett selbständig ausführen.

Jede Übergabe, an der drei Agenten beteiligt sind, wird in fünf Phasen zerlegt: die Initialisierung, die Übergabe am Start, die Bewegung, die Übergabe am Ziel und der Abschluß. Zunächst erfolgt eine Initialisierung, bei der sich der aktive Agent, z. B. ein

Roboter, bei den anderen Agenten anmeldet. Die zweite Phase umfaßt die Zeitspanne vom Greifen des Teils bis zu dem Zeitpunkt, an dem das Teil vom Startagenten, z. B. einer Werkstückverwaltung, losgelassen wird. Die dritte Phase dauert über die gesamte Bewegung des Teils vom Start- bis zum Zielort. Die vorletzte Phase beginnt mit dem Fixieren des Teils durch den Zielagenten, z. B. eine Bearbeitungseinheit, und endet mit dem Loslassen des Teils durch den aktiven Agenten. Abschließend meldet sich der aktive Agent bei den anderen Agenten ab. Durch den Austausch von Meldungen entsprechend des vorgeschriebenen Synchronisationsschemas stimmen die beteiligten Agenten ihre Aktivitäten zeitlich aufeinander ab. Bis zum kompletten Abschluß einer Handhabung bleiben alle Agenten synchronisiert, um bei eventuell auftretenden Fehlern das Teil z. B. wieder an seinen Ausgangsort zurücklegen zu können. Das entwickelte Synchronisationsschema stellt sicher, daß immer nur einer der beteiligten Agenten aktiv sein kann. Insofern sind Kollisionen aufgrund von gleichzeitigen Handlungen verschiedener Agenten ausgeschlossen.

Das entwickelte Synchronisationsschema geht von einer bekannten räumlichen Zuordnung der beteiligten Agenten aus. Im Hinblick auf die Kooperation autonomer mobiler Roboter müßte also zunächst die aktuelle Relativposition ermittelt werden, bevor eine Übergabe anhand des beschriebenen Synchronisationsschemas stattfinden kann.

5.6.5   Aspekte der Autonomie

Im folgenden werden die Aspekte der Autonomie in der Ausführungsebene behandelt. Es werden sowohl die bereits genannten Merkmale dargestellt als auch Hinweise auf zukünftige Entwicklungen gegeben.

Aufgabenorientierung

Im Bereich der Robotik ist die selbständige Generierung von RC-Programmen für 6-Achs Roboter bereits möglich. Ausgehend von Informationen über Start- und Zielort sowie das zu handhabende Objekt erfolgt eine automatische Bahn- und Greifplanung inklusive Kollisionskontrolle *(Stetter 1994)*. Zukünftig wird auch die selbständige Erstellung von NC-Programmen auf der Basis featurebasierter Methoden an Bedeutung gewinnen (vgl. *Houten 1991, Tönshoff u. a. 1993, S. 113ff*). Bei der dezentralen

Programmerstellung kann insbesondere auch der aktuelle Zustand der Maschine berücksichtigt werden (*Westkämper 1993, S. 15*). Allerdings muß beachtet werden, daß die Erstellung von Programmen Zeit kostet und deshalb von der Durchführung entkoppelt werden muß. Schon jetzt können den Agenten aber Freiheitsgrade gegeben werden, die sie bei der Durchführung von Agentenfunktionen entsprechend der aktuellen Situation in der Fertigungszelle nutzen können.

Störungstoleranz

In die Agenten lassen sich eine Vielzahl unterschiedlicher Mechanismen zur Störungsprävention und Störungsbehandlung integrieren (vgl. z. B. *Weck & Fauser 1993*), ohne daß die Komplexität der Zelle wesentlich zunimmt. Insbesondere bei der Kooperation von Agenten ist eine Fehlerprävention wichtig, um die Auswirkungen einer Störung auf andere Agenten möglichst gering zu halten. Im Sinne der Störungstoleranz versuchen die Agenten zunächst immer, ihre Aufgabe selbständig zu erfüllen. Wenn dies nicht möglich ist, kehren sie zum Ausgangszustand zurück, der vor der Ausführung der Agentenfunktion geherrscht hat. Zudem wird eine Meldung an die Koordinationsebene geschickt, die Aufschluß über die Aufgabenausführung, den Agentenzustand sowie den Zustand des Produkts gibt.

Anhand der Beschreibung des taktischen Verhaltens eines Agenten ist zukünftig auch die Kompensation von Benutzerfehlern bei der Ansteuerung von Agentenfunktionen denkbar. So kann z. B. ein Agent den Benutzer auffordern, eine Vorbereitung vorzunehmen, bevor eine Handhabung durchgeführt werden kann.

Reflexion

Die Auswahl alternativer Operationen zur Durchführung von Aufgaben kann von ihrem Erfolg oder Mißerfolg in der Vergangenheit abhängig gemacht werden. Zudem ist zukünftig vorstellbar, daß die Agenten die Ursachen für Qualitätsmängel von Werkstücken selbständig analysieren und entsprechend reagieren.

Adaption

Änderungen in der Konfiguration einer Zelle können die neuen oder veränderten Agenten der Koordinations- und Organisationsebene selbständig mitteilen. Das Synchronisationsschema stellt zudem sicher, daß die Kooperation mit beliebigen

Agenten stattfinden kann, da die Agenten keine Informationen über den Kooperationspartner benötigen.

Transparenz

Die Zustände der Agenten sind über ihr Modell jederzeit von außen abfragbar. Zudem kann die Folge der Abarbeitung von Elementaroperationen visualisiert werden. Durch das einheitliche Synchronisationsschema ist die Kooperation von Agenten leichter nachzuvollziehen.

5.7   Zusammenfassung

Ausgehend von einer konsequenten aufgabenorientierten Modularisierung autonomer Fertigungszellen in Agenten und der Verteilung der Steuerungskompetenz im Sinne einer koordinierten Kooperation ergibt sich eine dreistufige Hierarchie von Ebenen zur störungstoleranten Steuerung autonomer Fertigungszellen: Die Organisationsebene ist für die zelleninterne und zellenübergreifende Auftragsdisposition in Abhängigkeit von ihren Vorgaben verantwortlich. Die Koordinationsebene koordiniert das Zusammenspiel der Agenten in der Zelle im Rahmen der Auftragsbearbeitung. Gleichzeitig besitzen die homogen aufgebauten Agenten in der Ausführungsebene Freiheitsgrade bei der Aufgabenausführung.

6 Realisierung und Einsatzbeispiel

6.1 Übersicht

Im vorliegenden Kapitel wird zunächst die prototypische Realisierung eines Systems zur störungstoleranten Steuerung autonomer Fertigungszellen beschrieben. Anschließend wird der Einsatz des Systems anhand eines Beispiels dargestellt.

6.2 Realisierung des Systems zur störungstoleranten Steuerung

6.2.1 Grundlagen

Die Basis der Realisierung bildet die objektorientierte Programmiersprache C++, die ausgehend von dem Konzept der Klassenbildung und Vererbung eine effiziente Umsetzung der entwickelten Konzepte zuläßt *(Bause & Tölle 1991)*. Die Funktionen zur Steuerung und Störungsbehandlung in der Organisations-, Koordinations- und Ausführungsebene werden mit Hilfe von eigenständigen Prozessen realisiert, die eine einheitliche Aufbau- und Ablauforganisation besitzen. Die Abbildung der Funktionen auf Prozesse wird in den folgenden Kapiteln beschrieben.

Die Interprozeßkommunikation wird auf der Basis von OpenBASEstar unter Unix entwickelt. OpenBASEstar ist eine Plattform, die speziell für die Datenmodellierung und Kommunikation im Bereich der Fertigung entwickelt wurde *(Digital Equipment 1993, S. 1-3)*. Für die Interprozeßkommunikation mittels OpenBASEstar wird jedem Prozeß ein definierter Bereich im Hauptspeicher des Rechners zugeordnet, der als lokales "Blackboard" bezeichnet wird. Auf dieses lokale Blackboard kann jeder Prozeß Nachrichten eintragen. Gelesen werden kann das lokale Blackboard nur von dem Prozeß, dem es zugeordnet ist. Auf diese Art und Weise wird eine asynchrone, entkoppelte Kommunikation der Prozesse sichergestellt. Bei Bedarf ist aber auch eine synchrone Kommunikation möglich, d. h. ein Prozeß liest nur die Meldungen, die er explizit erwartet, alle anderen Meldungen werden gepuffert. Gleichzeitig können Störungen der Kommunikation erkannt werden, da die Wartezeit eines Prozesses auf eine bestimmte Meldung exakt festgelegt werden kann. Prozesse, die auf eine Meldung warten, benötigen keine Prozessorleistung. Trifft die erwartete Meldung ein, so wird der Prozeß über einen Interrupt-Mechanismus automatisch reaktiviert.

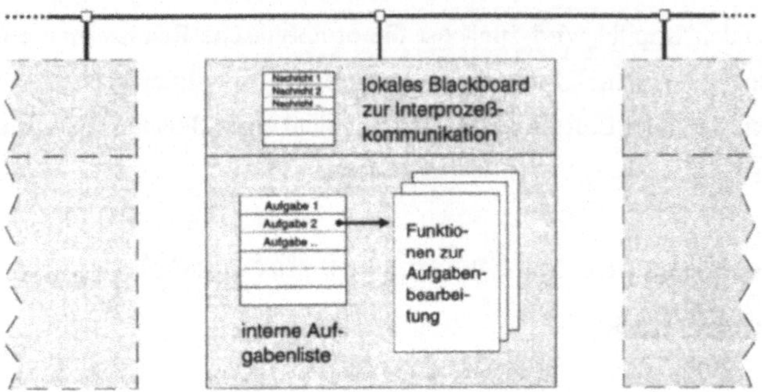

Bild 6-1: Architektur der Prozesse zur Steuerung und Störungsbehandlung

In Bild 6-1 ist die einheitliche Architektur der Prozesse zur Steuerung und Störungsbehandlung dargestellt. Das Zusammenspiel der Komponenten der Prozesse wird in Bild 6-2 verdeutlicht.

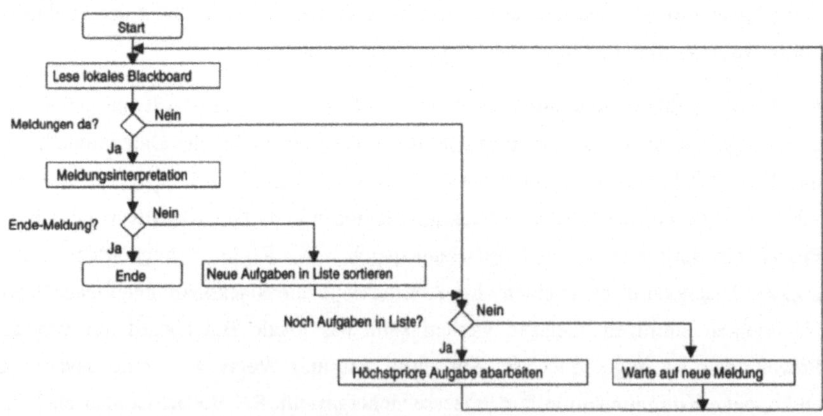

Bild 6-2: Ablauf der Prozesse zur Steuerung und Störungsbehandlung

Jeder Prozeß überprüft zunächst, ob er Nachrichten erhalten hat. Ist das der Fall, so werden aus den Nachrichten die Aufgaben generiert, die der Prozeß abarbeiten muß. Entsprechend ihrer Priorität werden die Aufgaben in die interne Aufgabenliste des Prozesses einsortiert. Anschließend wird die Aufgabe mit der höchsten Priorität bearbeitet. Dazu werden die entsprechenden Funktionen zur Aufgabenbearbeitung aufgerufen. Nach der Bearbeitung einer Aufgabe wird eine Rückmeldung an den Auftraggeber geschickt. Anschließend wird zunächst wieder im Kommunikations-interface überprüft, ob Nachrichten eingegangen sind. Diese werden gelesen, interpretiert und gegebenenfalls wird eine neue Aufgabe generiert und einsortiert. Erst jetzt wird die nächste Aufgabe durchgeführt. Sollte keine Aufgabe mehr vorhanden sein, geht der Prozeß in einen Ruhezustand über, den er erst wieder verläßt, wenn eine Meldung eintrifft.

Zur Steuerung von Abläufen im Rahmen der Aufgabenbearbeitung werden sowohl in der Koordinations- als auch in der Ausführungsebene Petrinetze verwendet. Zu diesem Zweck wurde die Netzlogik von Einmarken-Petrinetzen objektorientiert implementiert. In der entwickelten Ablaufsteuerung können auch mehrere Petrinetze parallel abgearbeitet werden. Die Abarbeitungsrichtung der Petrinetze kann im Rahmen der Störungsbehandlung umgekehrt werden.

6.2.2 Organisationsebene

Die Funktionen Einkauf, Disposition, Überwachung und Vertrieb sind aufbauend auf der vorgestellten einheitlichen Prozeßarchitektur als eigenständige Prozesse realisiert. Die Kommunikation der Prozesse untereinander sowie zur Koordinations- und Ausführungsebene erfolgt über definierte Meldungen an die lokalen Blackboards der jeweiligen Prozesse. Die Auftragslisten, in die neu eingelastete, disponierte oder nicht durchführbare Aufträge eingetragen werden, sind ebenfalls mittels OpenBASEstar realisiert. Alle Prozesse der Organisationsebene sowie der Prozeß in der Koordinationsebene haben damit Zugriff auf konsistente Auftragslisten.

Zur Realisierung der vorgabenorientierten Auftragsdisposition wird ein spezielles Werkzeug zur Fuzzy Logic eingesetzt *(Inform 1992)*. Aufbauend auf der Fuzzifizierung der vier Eingangsgrößen - in Bild 6-3 am Beispiel der Variable Auslastung dargestellt - können die einzelnen Regeln des Regelblockes definiert werden. Das defuzzifizierte Ergebnis des Regelblockes stellt den zu ermittelnden Faktor der Auftragsdisposition F_{AD} dar.

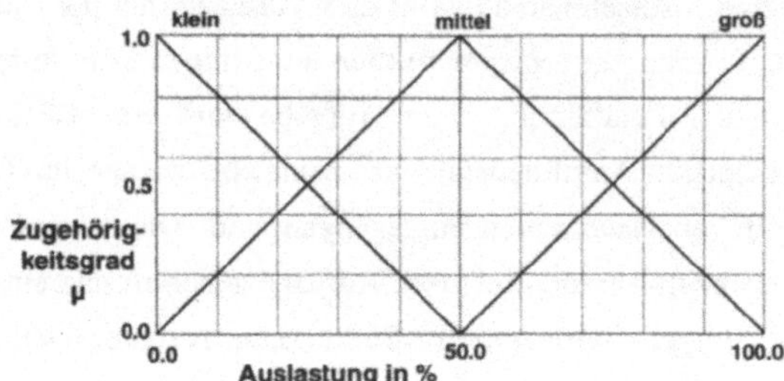

Bild 6-3: Graph der Zugehörigkeitsfunktion der Eingangsvariable Auslastung

Ein wesentliches Defizit der bisher bekannten Methoden zur Fuzzy Logic liegt darin, daß ein systematisches oder methodisches Vorgehen zur Erstellung der Fuzzy Regeln nicht existiert. Im Gegensatz zur herkömmlichen Regelungstechnik, die die exakte Auslegung von Reglern unterstützt *(Schmidt 1987, S. 216)*, ist im Bereich der Fuzzy Logic ein "trial and error" Verfahren notwendig. Eine gute Möglichkeit zur Überprüfung des linearen Übertragungsverhaltens des Regelblockes ist der Vergleich des berechneten Faktors der Auftragsdisposition F_{AD} mit dem Ergebnis der Berechnung nach dem gewichteten Mittelwert (Kap. 5.4.2.3).

Das von dem PC-basierten Werkzeug generierte Unterprogramm in der Programmiersprache C, das das Übertragungsverhalten zwischen den vier Eingangsgrößen und dem Ausgangswert abbildet, wird direkt in den Dispositionsprozeß eingebunden.

6.2.3   Koordinationsebene

Der Prozeß in der Koordinationsebene basiert ebenfalls auf der vorgestellten einheitlichen Architektur. Zur Koordination der Abläufe in der Zelle, d. h. zur Abarbeitung der Auftrags- und Task-Petrinetze, wird die objektorientierte Ablaufsteuerung eingebunden. Um die Erstellung der Petrinetze zu vereinfachen, wird ein speziell zu diesem Zweck entwickelter Editor eingesetzt (Bild 6-4). Die im Editor erzeugten Netze werden in Dateien abgelegt und erst dann geladen, wenn sie in den Steuerungsprozessen tatsächlich benötigt werden.

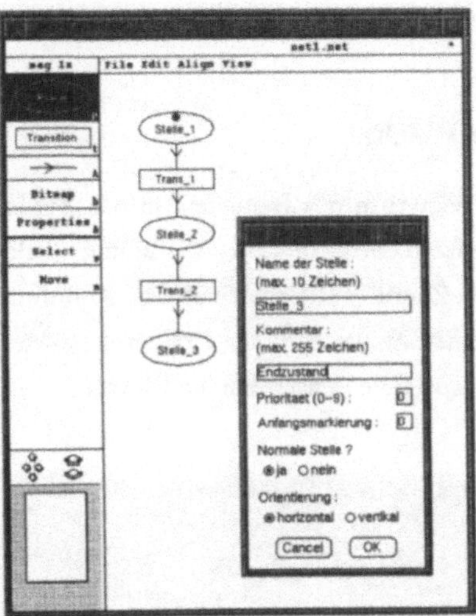

Bild 6-4: Petrinetz-Editor

Zur Laufzeit des Systems kann der Benutzer die Abarbeitung der Auftrags- und Task-Petrinetze im Sinne der Transparenz anhand einer Visualisierung mitverfolgen, die auf der gleichen graphischen Darstellung wie der Editor in Bild 6-4 beruht. Die Kommunikation zwischen dem Koordinationsprozeß und der Visualisierung erfolgt mittels TCP/IP. Zunächst teilt der Koordinationsprozeß der Visualisierung mit, welches Petrinetz zur Abarbeitung ansteht. Im Rahmen der Abarbeitung wird der Visualisierung dann jeweils die Zustandsänderung einzelner Plätze (markiert/nicht markiert) bzw. Transitionen (aktiv/inaktiv) übermittelt.

6.2.4 Ausführungsebene

In der Ausführungsebene wird jeder Agent mittels eines eigenständigen Prozesses realisiert. Zusätzlich zu den Komponenten der beschriebenen einheitlichen Prozeß-struktur erhalten die einzelnen Agentenprozesse noch jeweils eine oder zwei weitere

Kommunikationsschnittstellen. Zum einen besitzen die Agenten, die eine reale Komponente repräsentieren, eine spezifische Schnittstelle zu dieser Einheit. Zum anderen existiert eine spezielle Schnittstelle zur synchronisierten Aufgabenbearbeitung im Falle der Kooperation mit anderen Agenten.

6.2.5   Benutzeroberfläche

Zur Unterstützung der Eingriffe des Benutzers in das System steht eine intuitiv per Maus steuerbare Benutzeroberfläche zur Verfügung (Bild 6-5). Die Oberfläche ermöglicht den direkten Zugriff auf Organisations-, Koordinations- und Ausführungs-ebene. Für die Protokollierung wesentlicher Ereignisse sowie Meldungen des Systems an den Benutzer stehen spezielle Fenster zur Verfügung.

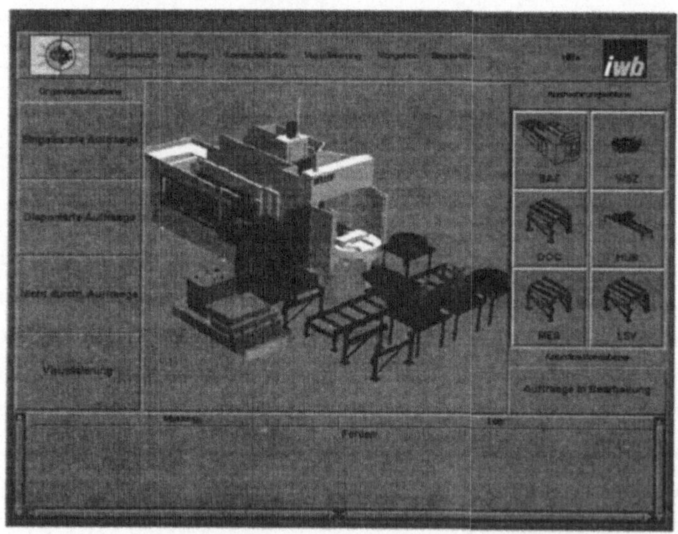

Bild 6-5: Aufbau der Benutzeroberfläche

Über die Menüleiste in der Kopfzeile werden unter anderem Aufträge eingelastet oder storniert. Die disponierten Aufträge sowie die Aufträge, die z. B. aufgrund von

Störungen nicht durchführbar sind, können übersichtlich in Form eines Gantt-Diagramms dargestellt werden (Bild 6-6).

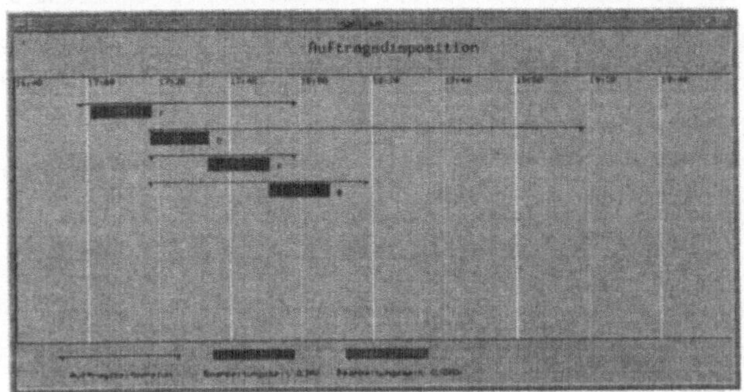

Bild 6-6: Visualisierung der aktuellen Auftragsdisposition der Zelle

Die Vorgaben der Zelle können visualisiert und verändert werden (Bild 6-7).

Bild 6-7: Einstellung der Vorgaben für die Auftragsdiposition

Zudem wird der prinzipielle Zustand der Agenten angezeigt. In Bild 6-5 sind die Agenten dargestellt, die in dem im folgenden beschriebenen Einsatzbeispiel benötigt werden. Der Benutzer kann Nachrichten an die Agenten in der Zelle oder an die anderen Prozesse zur Steuerung und Störungsbehandlung schicken. Die Kommunikation zwischen den Prozessen ist für den Benutzer nachvollziehbar.

6.2.6   Simulationsumgebung

Schon vor der Inbetriebnahme einer Fertigungszelle können anhand einer Simulationsumgebung die entwickelten Prozesse und Mechanismen zur Steuerung und Störungsbehandlung analysiert werden. Wesentlich ist dabei, daß die Prozesse gegenüber der Einbindung in die reale Anlage unverändert bleiben, so daß keine Anpaßarbeiten erforderlich sind und die Ergebnisse der Simulation sicher auf die reale Anlage übertragen werden können. Die Integration der Prozesse zur Steuerung und Störungsbehandlung sowie der verwendeten Simulationsumgebung USIS *(Stetter 1994, S. 20ff)* ist in Bild 6-8 dargestellt. Das Zusammenspiel zwischen der Simulationsumgebung, den Agenten und der Emulation wird von einem Controller koordiniert. Die Kommunikation zwischen Controller, Simulation und Emulator erfolgt durch Remote Procedure Calls (RPC).

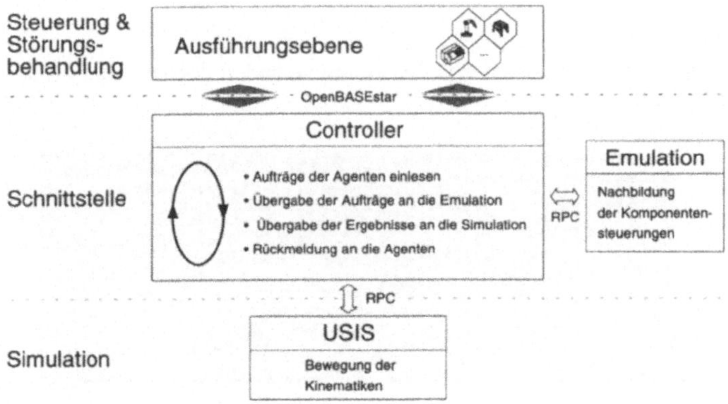

Bild 6-8: Einbindung der Simulationsumgebung

6.3   Einsatzbeispiel

6.3.1   Beschreibung der Fertigungszelle

Das entwickelte Konzept wurde in zwei verschiedenen Fertigungszellen im Versuchsfeld des Instituts getestet. Das in diesem Kapitel beschriebene Einsatzbeispiel orientiert sich an der geplanten Erweiterung der in Bild 6-9 dargestellten Fertigungszelle. Für diese Erweiterung wurde bereits ein Simulationsmodell erstellt (Bild 6-10).

Bild 6-9: Fertigungszelle mit Bearbeitungszentrum im Versuchsfeld des Instituts

Die Fertigungszelle besteht aus einem Bearbeitungszentrum und einem Linearpuffer für die Werkstückträger. An zwei Andockpositionen des Linearpuffers kann ein fahrerloses Transportsystem (FTS) Rohteile in das System schleusen oder bearbeitete Werkstücke abholen. Darüber hinaus ist ein Meßplatz vorgesehen.

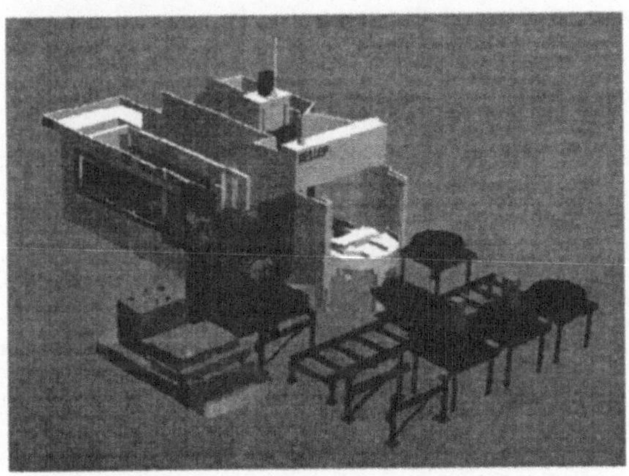

Bild 6-10: Simulationsmodell der Fertigungszelle in USIS

6.3.2 Bildung von Agenten

In der Fertigungszelle werden die Agenten Bearbeitungseinheit (BAE), Werkstückzuführung (WSZ), Lasthub (HUB), Laststandverwaltung (LSV), Meßeinheit (MES) und Dockstation (DOC) gebildet (Bild 6-11).

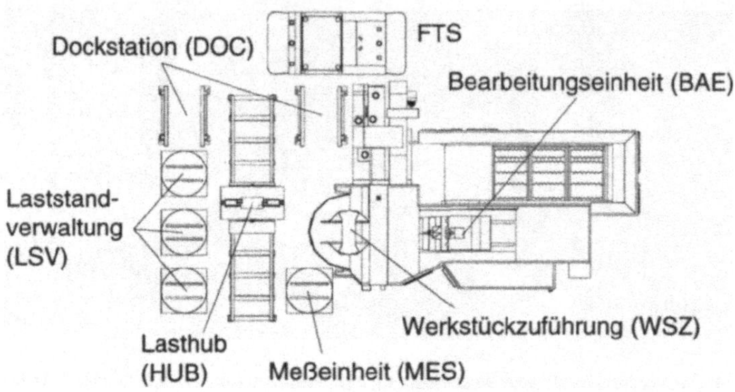

Bild 6-11: Gebildete Agenten in der Fertigungszelle

Stellvertretend für die gebildeten Agenten soll der Agent Lasthub kurz beschrieben werden. Der Lasthub stellt der Koordinationsebene die Agentenfunktionen "Handhabung vorbereiten" und "Handhabe Teil" zur Verfügung. In Bild 6-12 ist das Statechart des Agenten dargestellt.

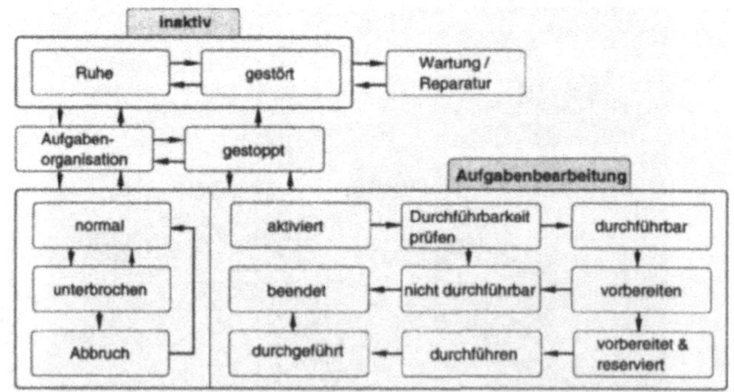

Bild 6-12: Statechart des Agenten Lasthub

In Bild 6-13 ist das Petrinetz der Agentenfunktion "Handhabe Teil" dargestellt.

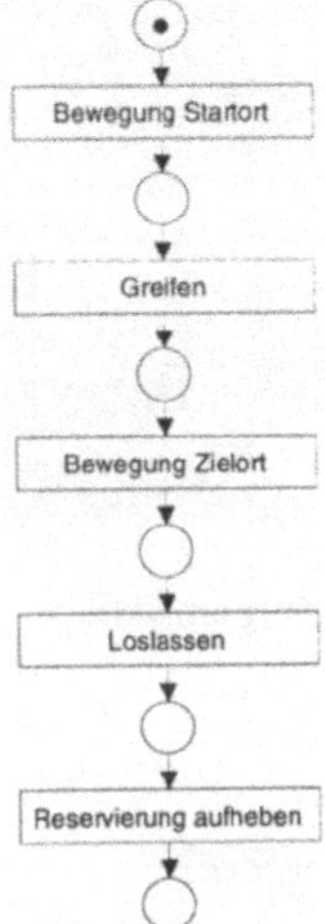

Bild 6-13: Petrinetz der Agentenfunktion "Handhabe Teil" des Lasthub

Das zum Einsatz kommende Bearbeitungszentrum der Firma Heller wird mittels eines Koppelprozesses zwischen OpenBASEstar und der zur Verfügung stehenden MMS-Schnittstelle der Maschinensteuerung in die Steuerungsstruktur der Zelle eingebunden. Die Integrierbarkeit beliebiger, bereits vorhandener Komponenten mittels einer Vorschaltlösung zeigt eine Möglichkeit für die Migration von herkömmlichen zu zukünftigen Systemen auf.

6.3.3   Steuerungsstruktur

Ein Überblick über die resultierende Steuerungsstruktur, die in der beschriebenen Fertigungszelle zum Einsatz kommt, ist in Bild 6-14 dargestellt, in dem OE, KE und AE als Abkürzungen für Organisations-, Koordinations- und Ausführungsebene verwendet werden.

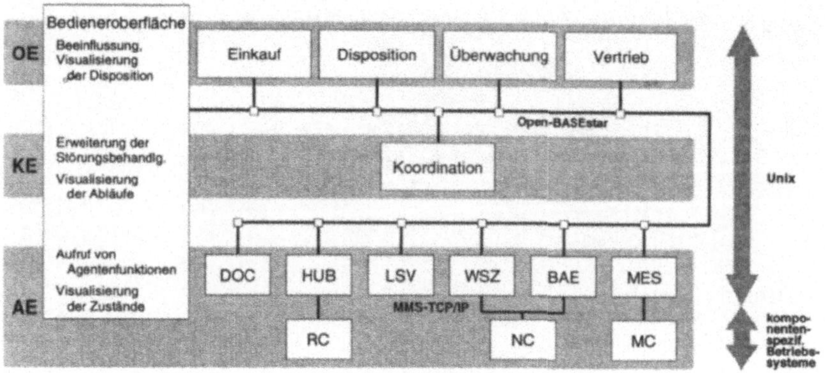

Bild 6-14: Überblick über die Steuerungsstruktur

6.3.4   Abläufe in der Fertigungszelle

Der normale, fehlerfreie Ablauf in der Zelle wird vom Koordinationsprozeß anhand der in Bild 6-15 dargestellten Auftrags-Petrinetze angesteuert. Zunächst wird im vor-

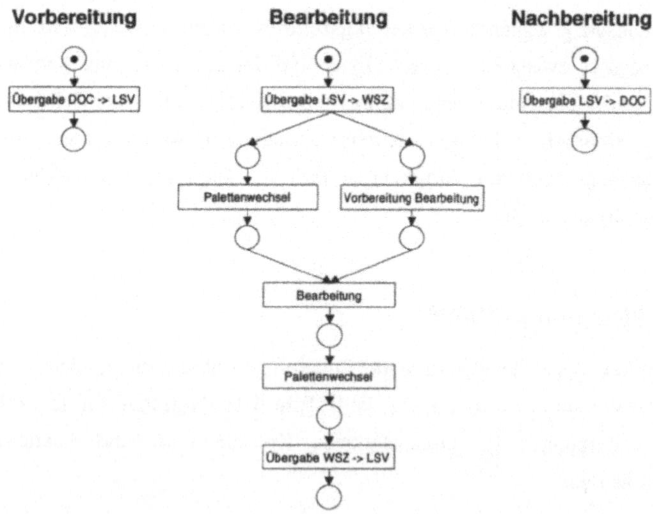

Bild 6-15: Vorbereitende, bearbeitende und nachbereitende Auftrags-Petrinetze in der
       Koordinationsebene

bereitenden Netz die Palette, auf der sich die zu bearbeitenden Teile befinden, von der Dockstation zur Laststandverwaltung gebracht. Im bearbeitenden Netz wird die Palette von dort in die Werkstückzuführung transportiert. Parallel zum Palettenwechsel wird die Bearbeitung vorbereitet. Anschließend erfolgen die Bearbeitung, ein erneuter Palettenwechsel und der Transport der Palette zurück zur Laststandverwaltung. Im nachbereitenden Netz wird die Palette zur Abholung durch ein FTS auf der Dockstation positioniert.

Ein Beispiel für ein Task-Petrinetz ist das in Bild 6-16 abgebildete Netz der Übergabe vom Startort (SOU) zum Zielort (TAR) mittels des aktiven, handhabenden Agenten (ACT).

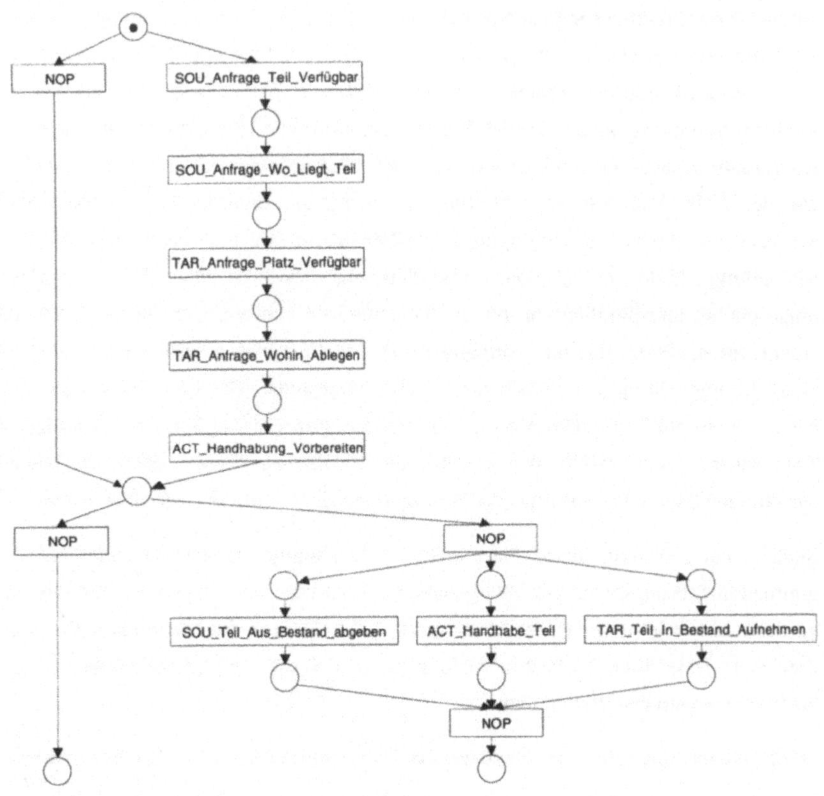

Bild 6-16: Task-Petrinetz der Übergabetask

6.3.5   Behandlung auftretender Störungen

Im folgenden wird jeweils ein Beispiel für eine Störungsbehandlung in Ausführungs-, Koordinations- und Organisationsebene beschrieben. In der Ausführungsebene kann der Agent Lasthub beim Anfahren eines Laststandes z. B. anhand seiner Sensorik selbständig erkennen, ob er richtig positioniert ist. Ist dies nicht der Fall, fährt er zu seinem Referenzpunkt und führt anschließend die Agentenfunktion fehlerfrei zu Ende.

In der Koordinationsebene werden Fehler behoben, die während der Kooperation von Agenten auftreten. Der Lasthub (HUB) erhält z. B. den Befehl, eine Palette in der Werkstückzuführung abzuholen und zur Laststandverwaltung (LSV) zu bringen. Nachdem er die Palette abgeholt hat, fährt er den freien Platz bei der LSV an, der ihm von der Koordinationsebene angegeben wurde. Bevor er die Palette ablegt, erkennt er mit Hilfe seiner Sensorik, daß ein Ablegen der Palette nicht möglich ist, da sich in dem Laststand ein Hindernis befindet. Dies kann z. B. ein Werkzeugkasten sein, der vom Benutzer vergessen wurde. Der HUB bricht daraufhin die Übergabe ab und meldet der Koordinationsebene den Fehler. Da das Werkstück in einem definierten Zustand ist, und der HUB nach wie vor voll funktionstüchtig ist, entscheidet sich die Koordinationsebene anhand der Eintragungen im Fehlerbaum für eine taskinterne Störungsbehandlung (Bild 6-17). Das Task-Petrinetz wird in den Rückwärtsmodus umgeschaltet und durchlaufen, bis die Transition erreicht wird, in der die LSV nach einem freien Platz für die Aufnahme der Palette gefragt wird. Dann wird die Abarbeitungsrichtung des Petrinetzes wieder umgekehrt. Die LSV bietet nun einen neuen freien Platz an. Die Koordinationsebene gibt entsprechend der Einträge im Task-Petrinetz dem HUB den Befehl, die Palette zu diesem Platz zu bringen. Anschließend kann die Auftragsbearbeitung in der Zelle normal fortgesetzt werden.

Steht in der LSV kein freier Platz mehr zur Verfügung, so wird zu einer taskübergreifenden Störungsbehebung übergegangen. Alternativ zum Agenten LSV wird nun versucht, die Palette in der Dockstation oder schließlich in der Meßeinheit abzulegen. Steht kein freier Platz mehr zur Verfügung, so muß ein störungsbehebender Eingriff des Benutzers abgewartet werden.

Der Benutzer erhält über die Benutzeroberfläche unmittelbar eine Meldung, wenn die Störung auftritt. Er braucht allerdings nur dann sofort einzugreifen, wenn der einzige freie Palettenplatz in der Zelle durch das Hindernis blockiert ist. Ansonsten kann der

Benutzer aufgrund der selbständigen Störungsbehandlung durch die Koordinationsebene zeitlich entkoppelt vom Auftreten des Fehlers auf ihn reagieren. Gleichzeitig
kann der Benutzer anhand der Visualisierung der Petrinetzabarbeitung den Fortgang
der Störungsbehandlung mitverfolgen, da auch die Umkehr der Abarbeitungsrichtung
im Netz visualisiert wird. Der gestörte Platz bleibt in der LSV so lange im Zustand
"nicht definiert", bis der Benutzer das Hindernis entfernt und der LSV die Meldung
schickt, daß der Platz wieder frei ist.

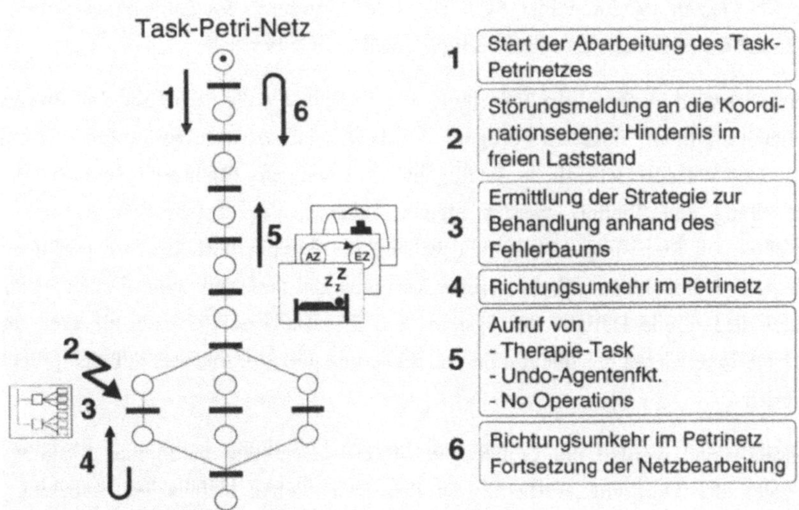

Bild 6-17: Ablauf der taskinternen Störungsbehandlung

Die Organisationsebene leistet einen Beitrag zur Störungsbehandlung durch die selbständige Anpassung der Auftragsreihenfolge, wenn Aufträge aufgrund von Störungen,
z. B. verschlissener Werkzeuge in der Bearbeitungseinheit, nicht mehr durchgeführt
werden können. Auch in diesem Falle kann also die Bearbeitung in der Zelle
fortgesetzt werden, ohne daß ein direktes Eingreifen des Benutzers erforderlich ist.

7   Zusammenfassung und Ausblick

Herkömmliche Fertigungssysteme sind durch eine hohe Komplexität, eine niedrige Verfügbarkeit sowie die unzureichende Behandlung auftretender Störungen gekennzeichnet. Ein mannarmer Betrieb der Systeme ist deshalb nur bedingt möglich. Im Hinblick auf die weitere Entwicklung von Fertigungssystemen erweist sich die Autonomie als geeignetes Leitbild, das neue Perspektiven aufzeigt.

Das Ziel dieser Arbeit ist es, aufbauend auf der Erarbeitung methodischer Grundlagen für die Gestaltung autonomer Systeme in der Fertigung, ein Konzept zur störungstoleranten Steuerung autonomer Fertigungszellen zu entwickeln.

Zunächst wird im Stand der Forschung und Technik auf die Steuerung und Störungsbehandlung in der flexiblen Fertigung, auf bestehende Ansätze zur Autonomie sowie auf die "Verteilte Künstliche Intelligenz" eingegangen. Ergänzend zum Stand der Forschung und Technik werden eigene Analysen der bestehenden Ansätze und Systeme zur Steuerung und Störungsbehandlung durchgeführt. Es wird gezeigt, daß die hohe Komplexität und die geringe Verfügbarkeit herkömmlicher Systeme sowohl durch strukturelle Defizite der System- und Steuerungsarchitekturen als auch durch Schwierigkeiten bei der Integration von Steuerung und Störungsbehandlung verursacht werden.

Anschließend werden die Grundlagen für die Gestaltung autonomer Systeme im Bereich der Fertigung erarbeitet. Zu den wesentlichen technischen Aspekten der Autonomie zählen u.a. die Störungstoleranz und die Aufgabenorientierung. Im Sinne der Störungstoleranz können autonome Systeme vorgegebene Aufgaben zeitlich begrenzt ohne menschliche Eingriffe trotz veränderter oder gestörter Umgebung erfüllen. Im Rahmen der Aufgabenorientierung werden aufgabenbezogene Zielvorgaben auf der Basis dezentraler Freiheitsgrade und Kompetenzen ohne menschliche Eingriffe aufgelöst und verarbeitet. Diese technischen Aspekte müssen stets in Verbindung mit den organisatorischen sowie personellen Aspekten der Autonomie gesehen werden. Aufbauend auf einer Analyse der verschiedenen Einflußfaktoren auf die Autonomie eines Systems wird eine systematische Vorgehensweise zur Gestaltung autonomer Systeme erarbeitet. In einem ersten Schritt erfolgt eine Analyse der steuerungstechnischen Aufgaben im System. Anschließend werden aufgabenorientierte Module gebildet. Abschließend erfolgt die Verteilung der Steuerungskompetenz im autonomen System. Auf der Basis dieser systematischen Vorgehensweise wird eine grundlegende Gestaltung autonomer Fertigungssysteme vorgenommen. Gleichzeitig werden so die Rahmenbedingungen für zukünftige autonome Fertigungszellen festgelegt. Es werden verschiedene Szenarien der Auftragsbehandlung in autonomen Fertigungssystemen untersucht, die sich durch die Art der Verteilung der Steuerungskompetenz auf zentrale oder dezentrale Instanzen unterscheiden. Das gewählte dezentrale Szenario der Auftragsbehandlung, das die höchsten Anforderungen an die Funktionalitäten in autonomen Fertigungszellen stellt, bildet den Rahmen für das weitere Vorgehen.

Aufbauend auf den erarbeiteten Grundlagen sowie dem dezentralen Szenario der Auftragsbehandlung in autonomen Fertigungssystemen wird das Konzept zur störungstoleranten Steuerung autonomer Fertigungszellen entwickelt. Die grundlegende Idee besteht in der gleichberechtigten Betrachtung der Aspekte Steuerung und Störungsbehandlung. In autonomen Fertigungszellen werden aufgabenorientierte Module gebildet, die als Agenten bezeichnet werden. Aus der gewählten koordinierten Kooperation bei der Verteilung der Steuerungskompetenz resultiert eine dreistufige Hierarchie zur Steuerung und Störungsbehandlung. Die Organisationsebene ist für die zelleninterne und zellenübergreifende Auftragsdisposition verantwortlich. Die Koordinationsebene koordiniert das Zusammenspiel der Agenten in der Zelle im Rahmen der Auftragsbearbeitung. Die homogen aufgebauten Agenten in der Ausführungsebene stellen aufgabenorientierte Funktionen zur Aufgabenvorbereitung und -ausführung bereit. In allen drei Ebenen sind Freiheitsgrade vorhanden, die im Sinne der Autonomie-Aspekte Aufgabenorientierung und Störungstoleranz selbständig genutzt werden können. Ein Beispiel dafür ist das entwickelte Konzept der Störungsbehandlung in der Koordinationsebene, das die selbständige Behandlung von Störungen ermöglicht, die im Rahmen der Kooperation von Agenten auftreten.

Die prototypische Realisierung eines Systems zur störungstoleranten Steuerung und ein Einsatzbeispiel in einer autonomen Fertigungszelle werden abschließend dargestellt. Anhand der Realisierung und des Einsatzbeispiels wird demonstriert, daß Autonomie und die gute Einbindung des Benutzers sowie die Beherrschbarkeit autonomer Fertigungszellen nicht im Widerspruch zueinander stehen. Im Sinne der Transparenz kann der Benutzer die Geschehnisse im System verfolgen und gegebenenfalls eingreifen.

Mit dem Abschluß dieser Arbeit liegt eine informations- und steuerungstechnische Infrastruktur für autonome Fertigungszellen vor, die mit geringem Aufwand an unterschiedliche und heterogene Zellenkonfigurationen angepaßt werden kann. Die entwickelten Steuerungsstrategien bilden die Basis für eine selbständige und flexible Auftragsbearbeitung in der Zelle. Die implementierten Mechanismen zur Störungsbehandlung ermöglichen eine selbständige Reaktion der Systeme auf auftretende Störungen. Gleichzeitig kann die Komplexität der Systeme sowie der Aufwand zur Einbindung von Mechanismen zur Störungsbehandlung entscheidend reduziert werden. Durch die einfache Integration weiterer Autonomiefunktionen wird das vorgestellte Konzept auch langfristig den dargestellten Aspekten der Autonomie gerecht. Zudem werden die Voraussetzungen für zukünftige Arbeiten auf dem Gebiet der Autonomie geschaffen.

Gleichzeitig wurde im Rahmen der Arbeit deutlich, daß weiterführende Untersuchungen zu den Grundlagen autonomer Systeme, zur Weiterentwicklung autonomer Fertigungssysteme sowie zur störungstoleranten Steuerung autonomer Fertigungszellen notwendig sind. Wichtig wäre es, sich grundlegend mit der Fragestellung "Zentralismus versus Dezentralisierung" zu beschäftigen, die in dieser Arbeit nur spezifisch untersucht werden konnte.

Im Hinblick auf die Ablauforganisation autonomer Fertigungssysteme ist ein durchgängiges Konzept einer konsequent dezentral gesteuerten Auftragsbehandlung zu entwickeln. Weiter muß eine Systematik zur Beschreibung der Aufträge erarbeitet werden, die eine freie Zuordnung der Bearbeitungsaufgaben zu den Zellen ermöglicht. Die Wertmaßstäbe der Zellen, die die Grundlage aller auftragsrelevanten Entscheidungen bilden, sind zu verfeinern. Das Verhandlungsprotokoll zwischen den Zellen muß insbesondere die geregelte Behandlung auftretender Störungen beinhalten. Jegliche Entwicklung ist allerdings hinsichtlich der resultierenden Komplexität sowie der Transaktionskosten, d. h. des Aufwands, der durch die Dezentralisierung verursacht wird, kritisch zu analysieren.

Die zukünftige Weiterentwicklung einer störungstoleranten Steuerung autonomer Fertigungszellen sollte sich neben dem Autonomieaspekt der Aufgabenorientierung vor allem mit der Kombination der Aspekte Störungsbehandlung und Reflexion beschäftigen. Einerseits könnten die Vorgehensweisen des Benutzers bei der Störungsbehandlung sukzessiv von den Systemen erlernt werden. Andererseits sollten die zur

Inbetriebnahme der Systeme eingesetzten Mechanismen zur Funktionsanalyse von Komponenten und zur Einstellung von Parametern besser als bisher genutzt werden. Diese Mechanismen sind zukünftig so auszulegen, daß sie von den Systemen auch selbständig aktiviert werden können. Die gewonnenen Informationen können beginnend mit der Inbetriebnahme über den gesamten Lebenszyklus einer Komponente zur Selbstanalyse und Selbstjustage genutzt werden.

8   Literaturverzeichnis

Abel 1988

Abel, D.: Modellbildung und Analyse diskret gesteuerter Systeme mit Petrinetzen. at 36 (1988) 12, S. 455-462.

Ahluwalia 1991

Ahluwalia, R. S.; Ji, P.: A distributed approach to job scheduling in a flexible manufacturing system. In: Computers Industrial Engineering Vol. 20 (1991) 1, Great Britain: Pergamon Press, S. 95-103.

Albus 1984

Albus, J. S.: Robotics. In: Brady, M.; Gerhard, L. A.; Davidson, H. F. (Hrsg.): Robotics and Artificial Intelligence. NATO ASI Series. Berlin: Springer 1984, S. 65 - 93.

Antsaklis & Passino 1989

Antsaklis, P. J.; Passino, K. M.: Towards Intelligent Autonomous Control Systems: Architecture and Fundamental Issues. Journal of Intelligent and Robotic Systems 1 (1989) 4, S. 315-342.

Antsaklis u. a. 1990

Antsaklis, P. J.; Passino, K. M.; Wang, S. J.: An Introduction to Autonomous Control Systems. In: International Symposium on Intelligent Control 1990, Philadelphia. New York: IEEE 1990, S. 21-26.

Arndt & Rudolf 1980

Arndt, H.-W.; Rudolf, W.: Öffentliches Recht. Grundriß für das Studium der Rechts- und Wirtschaftswissenschaft. 3. Aufl. München: Vahlen 1980.

Bause & Tölle 1991

Bause, F.; Tölle, W.: C++ für Programmierer. 2. Aufl. Braunschweig: Friedrich Vieweg & Sohn 1991.

Beckendorff 1991

Beckendorff, U.: Reaktive Belegungsplanung für die Werkstattfertigung. Düsseldorf: VDI-Verlag 1991. (Fortschritt-Berichte VDI Reihe 2 Nr. 232)

Beier & Schwall 1990

Beier, H.; Schwall, E.: Fertigungsleittechnik. München: Carl Hanser 1990.

Boge 1994

Boge, C.: Methoden zum Entwurf und Implementierung von prozeß-orientierten Überwachungsverfahren für die Fertigungstechnik. Aachen: Shaker 1994. (WZL/IPT Berichte aus der Produktionstechnik 6/94)

Boge u. a. 1990

Boge, C. u. a.: Wege zur Verkürzung der Inbetriebnahme und Still-
standszeiten komplexer Produktionsanlagen. In: Weck, M.; Eversheim,
W.; König, W., Pfeifer, T. (Hrsg.): Wettbewerbsfaktor Produktionstechnik. Aachener Werkzeugmaschinen-Kolloquium AWK, WZL
Aachen, IPT Aachen. Düsseldorf: VDI-Verlag 1990.

Bond & Gasser 1988

Bond, A.; Gasser, L.: Readings in Distributed Artificial Intelligence. 1.
Aufl. San Mateo, CA: Morgan Kaufmann 1988.

Bourne & Fox 1984

Bourne, D. A.; Fox, M. S.: Autonomous Manufacturing: Automating the
Job-Shop. IEEE Computer 17 (1984) 9, S. 76 - 86.

Brooks 1987

Brooks, R. A.: Autonomous mobile robots. In: Grimson, W. E. L.; Patil,
R. S. (Hrsg.): AI in the 1980s and beyond. Cambridge: MIT Press 1987,
S. 343-363.

Bunse & Judica 1989

Bunse, P.; Judica, N.: Expertensysteme zur Verfügbarkeitsoptimierung
flexibler Fertigungszellen. ZwF 84 (1989) 4, S. 211-214.

Cavalloni & Kirchheim 1994

Cavalloni, C.; Kirchheim, A.: Neues Sensordesign als Basis optimierter
Prozeßüberwachung. Acoustic Emission als zusätzliche Prozeßkenn-
größe. Werkstatt und Betrieb 127 (1994) 4, S. 248-252.

Davis & Smith 1983

Davis, R.; Smith, R. G.: Negotiation as a Metaphor for Distributed
Problem Solving. Artificial Intelligence 20 (1983) 1, S. 63-109.

Diehl 1992

Diehl, G.: Steuerungsperipheres Diagnosesystem für Fertigungseinrichtungen auf Basis überwachungsgerechter Komponenten. Berlin:
Springer 1992. (ISW Forschung und Praxis 89)

Digital Equipment 1993

Digital Equipment (Hrsg.): OpenBASEstar Introduction. Maynard,
Massachusetts: 1993.

Dilger & Kassel 1993

Dilger, W.; Kassel, S.: Sich selbst organisierende Produktionsprozesse
als Möglichkeit zur flexiblen Fertigungssteuerung. In: Müller, J. (Hrsg.):
Verteilte Künstliche Intelligenz: Methoden und Anwendungen.
Mannheim: BI-Wiss.-Verl. 1993, S. 347-356.

Drunk 1987

Drunk, G.: A new system architecture for the mobile autonomous robot

IPAMAR. International Conference on Advanced Robotics, 1987, S. 87-100.

Duan & Kumara 1993

Duan, N.; Kumara, S. R. T.: A Distributed Hierarchical Control Model for Highly Autonomous Flexible Manufacturing Systems. In: Groen, F. C. A. u. a. (Hrsg.): Intelligent Autonomous Systems IAS-3 Pittsburgh, Pennsylvania. Wahington: IOS Press 1993, S. 532-541.

Duffie & Prabhu 1994

Duffie, N. A.; Prabhu, V. V.: Real-Time Distributed Scheduling of Heterarchical Manufacturing Systems. Journal of Manufacturing Systems 13 (1994) 2, S. 94-107.

Duffie u. a. 1988

Duffie, N. A.; Chitturi, R.; Mou, J.: Fault-Tolerant Heterarchical Control of Hererogeneous Manufacturing System Entities. Journal of Manufacturing Systems 7 (1988) 4, S. 315-328.

Dungern 1991

Dungern, O. v.: Planungs- und Autonomiefunktionen zur Steuerung flexibler Montagezellen. Düsseldorf: VDI-Verlag 1991. (Fortschritt-Berichte VDI Reihe 8 Nr. 235).

Fähnrich 1990

Fähnrich, K. P.: Ein System zur wissensbasierten Diagnose an CNC-Werkzeugmaschinen durch den Maschinenbediener. Berlin: Springer 1990. (IPA-IAO Forschung und Praxis 148)

Fayek u. a. 1993

Fayek, R. E. u. a.: A System Architecture for a Mobile Robot Based on Activities and a Blackboard Control Unit. In: International Conference on Robotics and Automation 1993, Atlanta. New York: IEEE 1993, S. 267-274.

Fischer 1990

Fischer, H.: Verteilte Planungssysteme zur Flexibilitätssteigerung der rechnerintegrierten Teilefertigung. München: Hanser 1990. (Fertigungstechnik-Erlangen 11)

Fox 1981

Fox, M. S.: An Organizational View of Distributed Systems. In: IEEE Transactions on Systems, Man and Cybernetics. Vol. SMC-11 (1981) 1, S. 70-80.

Glas 1993

Glas, J.: Standardisierter Aufbau anwendungsspezifischer Zellenrechner-software. Berlin: Springer 1993. (iwb Forschungsberichte 61)

Glüer & Schmidt 1988

Glüer, D.; Schmidt, G.: Die Anwendung von Petrinetzen zu Modellbildung, Simulation und Steuerungsentwurf bei Flexiblen Fertigungssystemen. at 36 (1988) 12, S. 463-471.

Groha 1988

Groha, A.: Universelles Zellenrechnerkonzept für flexible Fertigungssysteme. Berlin: Springer 1988. (iwb Forschungsberichte 14)

Guha & Dudziak 1986

Guha, A.; Dudziak, M.: Knowledge-Based Controllers For Autonomous System. IEEE Workshop on Intelligent Control 1985, Troy. New York: IEEE 1986, S. 134-138.

Haberfellner u. a. 1992

Haberfellner, R. u. a.: Systems Engineering: Methodik und Praxis.7. Aufl. Zürich: Verlag Industrielle Organisation 1992.

Habich 1990

Habich, M.: Handlungssynchronisation autonomer, dezentraler Dispositionszentren in flexiblen Fertigungsstrukturen. Bochum: 1990. (Schriftenreihe des Lehrstuhls für Produktionssysteme und Prozeßleittechnik 90.5)

Hahndel & Levi 1994

Hahndel, S. ; Levi, P.: Einfluß des Planungsspielraums auf die Planungsqualität bei verteilten, kooperativen Planungsverfahren. In: Levi, P.; Bräunl, T. (Hrsg.): Autonome Mobile Systeme 1994 - 10. Fachgespräch. Berlin: Springer 1994, S. 250-261.

Härdtner 1992

Härdtner, G. M.: Wissensstrukturierung in Diagnoseexpertensystemen für Fertigungseinrichtungen. Berlin: Springer 1992. (ISW Forschung und Praxis 93)

Harel 1988

Harel, D.: On Visual Formalisms. Communications of the ACM 31 (1988) 5, S. 514-530.

Heller 1993

Heller (Hrsg.): uni-Pro CNC 90. Bedienungsanleitung. Nürtingen: 1993.

Helml 1992

Helml, H. J.: Ein Verfahren zur on-line Fehlererkennung und Diagnose. Berlin: Springer 1992. (iwb Forschungsberichte 53)

Hofmann 1990

Hofmann, P.: Fehlerbehandlung in Flexiblen Fertigungssystemen: Eine Einführung für Hersteller und Anwender. München: Oldenbourg 1990.

Hörmann 1989

Hörmann, A.: Steuerung und Systemarchitektur von fortgeschrittenen autonomen Systemen. Robotersysteme 5 (1989) 3, S.173-185.

Houten 1991

Houten, F. J. A. M. van: PART: a computer aided process planing system. Dissertation, Den Haag (Netherlands) 1991.

Inform 1992

Inform GmbH (Hrsg.): fuzzyTECH 2.0. Schlüssel zur Fuzzy-Technologie. Aachen: 1992.

Isermann 1991

Isermann, R.: Fehlerdiagnose an Werkzeugmaschinen mittels Parameter-abschätzmethoden. wt Werkstattstechnik 81 (1991) 5, S. 264-268.

ISO 1986

ISO TC 184/SC5/WG1 Document N51 (Version 1.1): The Ottawa Report on Reference Models for Manufacturing Standards. Genf, 1986.

ISO 1990

ISO 9506, Part 1 und Part 2: Manufacturing Message Specification (MMS). Genf, 1990.

Iwata u. a. 1993

Iwata, K.; Onosato, M.; Fuse, M.; Fukuda, Y., Miki, M.: Manufacturing Systems Evolution: Historical and Structural Aspects of Manufacturing Systems Research. In: Peklenik, J. (Hrsg.): Flexible Manufacturing Systems - Past, Present, Future. Ljubljana: Faculty of Mechanical Engineering 1993, S. 113-127.

Iwata u. a. 1994

Iwata, K. u. a.: Random Manufacturing System: a New Concept of Manufacturing Systems for Production to Order. Annals of the CIRP 43 (1994) 1, S. 379-383.

Kahlenberg 1995

Kahlenberg, R.: Integrierte Qualitätssicherung in flexiblen Ferti-gungszellen. Berlin: Springer 1995. (iwb Forschungsberichte 82)

Kasturia u. a. 1988

Kasturia, E.; DiCesare, F.; Desrochers, A.: Real Time Control of Multilevel Manufacturing Systems using Colored Petri Nets. In: Proceedings of the IEEE International Conference on Robotics and Automation 1988, Philadelphia. New York: IEEE 1988, S. 1114 - 1119.

Kirchhoff 1989

Kirchhoff, U.: Space Robotics and the Increase of System Autonomy. In: Kanade, T., Groen, F.C.A., Hertzberger, L.O. (Hrsg.): Intelligent

Autonomous Systems 2, Amsterdam. Amsterdam: Strichting
International Congress of IAS 1989, S.516-529.

Kirn 1991

Kirn, H. S.: Kooperationsfähigkeit intelligenter Agenten in föderativen
wissensbasierten Systemen. Dissertation, Hagen 1991.

Koch 1994

Koch, M. R.: Von flexiblen zu autonomen Systemen. Höhere
Verfügbarkeit durch beherrschte Komplexität bei Autonomen
Fertigungssystemen. TECHNICA 43 (1994) 20, S. 14-19.

Koditschek 1990

Koditschek, D. E.: Globally Stable Closed Loops Imply Autonomous
Behavior. International Symposium on Intelligent Control, Philadelphia.
IEEE 1990, S. 651-656.

Kreimeier 1987

Kreimeier, D.: Konfigurierbares, mikrorechnergestütztes Planungs-
hilfsmittel zur Fertigungssteuerung autonomer Fertigungsstrukturen.
Bochum: 1987. (Schriftenreihe des Lehrstuhls für Produktionssysteme
und Prozeßleittechnik 87.1)

Kreutzfeldt & Schmidt 1992

Kreutzfeldt, J.; Schmidt, B.: Integrierte Arbeitsplanung und
Fertigungssteuerung. CIM Management 8 (1992) 3, S. 53-60.

Kupec 1991

Kupec, T.: Wissensbasiertes Leitsystem zur Steuerung flexibler
Fertigungssysteme. Berlin: Springer 1991. (iwb Forschungsberichte 37)

Lange 1993

Lange, N.: Dezentrale universelle Steuerungsarchitektur für flexible
Fertigungssysteme: ein Beitrag zur Reduzierung der Software-
entwicklungskosten in der Fertigungstechnik. Aachen: Shaker 1993.
(WZL/IPT Berichte aus der Produktionstechnik 15/93)

Larsen & Alting 1991

Larsen, N. E.; Alting, L.: Dynamic Planning Enriches Concurrent
Process and Production Planning. Lyngby: Institute of Manufacturing
Engineering, Technical University of Denmark 1991.

Lehmann 1994

Lehmann, R.: Methoden und Konzepte zur Automatisierung orbitaler
Systeme und deren Übertragbakeit auf die terrestrische Automation.
München: Hanser 1994. (Produktionstechnik - Berlin; 150;
Forschungsberichte für die Praxis)

Levi 1988

Levi, P.: Planen für autonome Montageroboter. Berlin: Springer 1988.
(Informatik Fachberichte: Subreihe Künstliche Intelligenz 191)

Levi 1989

Levi, P.: Architectures of Individual and Distributed Autonomous
Agents. In: Kanade, T.; Groen, F. C. A.; Hertzberger, L. O. (Hrsg.):
Intelligent Autonomous Systems, Amsterdam. Amsterdam: Strichting
International Congress of IAS 1989, S. 315-324.

Martin 1993

Martin, J.: Principles of object-oriented analysis and design.
1. Aufl. New Jersey: PTR Prentice Hall 1993.

Messina & Tricomi 1989

Messina, G.; Tricomi, G.: Intelligent Systems for Advanced Manu-
facturing. In: Kanade, T.; Groen, F. C. A.; Hertzberger, L. O. (Hrsg.):
Intelligent Autonomous Systems 2, Amsterdam. Amsterdam: Strichting
International Congress of IAS 1989, S. 783-791.

Milberg & Ebner 1994

Milberg, J.; Ebner, C.: Verfügbarkeit von Werkzeugmaschinen.
Abschlußbericht zum AiF-Projekt 8649. Frankfurt: Verein Deutscher
Werkzeugmaschinenfabriken 1994.

Milberg & Eder 1993

Milberg, J.; Eder, T.: Autonomie und Störungstoleranz - Ein Weg zur
Verbesserung der Verfügbarkeit komplexer Produktionssysteme.
Produktionsautomatisierung 2 (1993) 1, S. 46-49.

Milberg & Koch 1993

Milberg, J.; Koch, M. R.: Autonomous Manufacturing Systems (Past,
Present and Future of FMS). In: Peklenik, J. (Hrsg.): Flexible
Manufacturing Systems: Past - Present - Future. Ljubljana: Faculty of
Mechanical Engineering 1993, S. 143-162.

Milberg u. a. 1994

Milberg, J.; Geuer, A.; Kahlenberg, R.; Koch, M. R.; Kosmas, I.; Loren-
zen, J.: Unsere Stärken stärken - Der Weg zur Wettbewerbsfähigkeit und
Standortsicherung. In: Milberg, J. (Hrsg.); Reinhart, G. (Hrsg.): Unsere
Stärken stärken - Der Weg zur Wettbewerbsfähigkeit und Standortsicherung, München. Landsberg/Lech: Moderne Industrie 1994, S. 12-31.

Möhrle 1989

Möhrle, M.: Petrinetze in der Produktionstechnik - Integration von
Planung, Simulation und Steuerung von Produktionsanlagen. Bochum:
1989. (Schriftenreihe des Lehrstuhls für Produktionssysteme und
Prozeßleittechnik 89.3)

Moser 1991

Moser, O.: 3D - Echtzeitkollisiosschutz für Drehmaschinen. Berlin: Springer 1991. (iwb Forschungsberichte 35)

Müller 1993

Müller, J. (Hrsg.): Verteilte Künstliche Intelligenz: Methoden und Anwendungen. Mannheim: BI-Wiss.-Verl. 1993.

Okino 1993

Okino, N.: Bionic Manufacturing System. In: Peklenik, J. (Hrsg.): Flexible Manufacturing Systems: Past - Present - Future. Ljubljana: Faculty of Mechanical Engineering 1993, S. 73-95.

Pang & Shen 1990

Pang, G. K. H.; Shen, H. C.: Intelligent control of an autonomous mobile robot in a hazardous material spill accident - a blackboard structure approach. Robotics and Autonomous Systems 6 (1990) 6, S. 351-365.

Papadimitriou 1991

Papadimitriou, I.: Steuerungskonzepte für autonome mobile Unterwasser-Roboter. Düsseldorf: VDI-Verlag 1991. (Fortschritt-Berichte VDI Reihe 8 Nr. 258)

Parunak 1988

Parunak, H. V. D.: Distributed Artificial Intelligence Systems. In: Kusiak, A. (Hrsg.): Artificial Intelligence in Industry. Artificial Intelligence Implications for CIM. Berlin: Springer 1988, S. 225-251.

Parunak 1989

Parunak, H. V. D.: Distributed AI and Manufacturing Control: Some Issues and Insights. In: Demazeau, Y.; Müller, J. P. (Hrsg.): Decentralized A.I., Proc. of the first European Workshop on Modelling Autonomous Agents in a Multi-Agent World, Cambridge. Amsterdam: North-Holland 1989, S. 81-101.

Patzak 1982

Patzak, G.: Systemtechnik - Planung komplexer innovativer Systeme. Grundlagen, Methoden, Techniken. Berlin: Springer 1982.

Pischeltsrieder 1993

Pischeltsrieder, K.: PetRIS - Steuerung autonomer mobiler Roboter in einer Fertigungsumgebung. In: Intelligente Steuerung und Regelung von Robotern, Langen. Düsseldorf: VDI-Verlag 1993, S. 801-810. (VDI Berichte 1094)

Pritschow 1993

Pritschow, G.: Steuerungstechnik I, II. Manuskript zur Vorlesung. Stuttgart: Institut für Steuerungstechnik der Werkzeugmaschinen und Fertigungseinrichtungen, Universität Stuttgart 1993.

Pritschow & Sperling 1993
> Pritschow, G.; Sperling, W.: NC-Technologie - Milestones on the Way to the "Open Control System" of the Future. In: Peklenik, J. (Hrsg.): Flexible Manufacturing Systems: Past - Present - Future. Ljubljana: Faculty of Mechanical Engineering 1993, S. 129-141.

Raasch 1991
> Raasch, J.: Systementwicklung mit Strukturierten Methoden. München: Carl Hanser 1991.

Reinhart & Koch 1995
> Reinhart, G.; Koch, M. R.: Autonome, kooperative Produktionssysteme. In: Wildemann, H.: Schnell lernende Unternehmen - Quantensprünge in der Wettbewerbsfähigkeit. Münchner Management Kolloquium, München. München: TCW Transfer-Centrum 1995, S. 527-545.

Reinhart & Pischeltsrieder 1995
> Reinhart, G.; Pischeltsrieder, K.: Flexible Electrically-Powered Transport Vehicles in Future Production Structures. In: Rembold, U. u. a. (Hrsg.): Intelligent Autonomous Systems IAS-4 1995, Karlsruhe. Amsterdam: IOS Press 1995, S. 15 - 25.

Rembold & Dillmann 1989
> Rembold, U.; Dillmann, R.: The Control System of the Autonomous Mobile Robot KAMRO of the University of Karlsruhe. In: Kanade, T.; Groen, F. C. A.; Hertzberger, L. O. (Hrsg.): Intelligent Autonomous Systems 2, Amsterdam. Amsterdam: Strichting International Congress of IAS 1989, S. 565-575.

Reuschenbach 1992
> Reuschenbach, W.: Entwicklung und Einsatz eines universellen Stör-datenerfassungssystems mit wissensbasierter Diagnose für Produktions-einrichtungen. Aachen: Mainz 1992.

Saridis & Valavanis 1988
> Saridis, G. N.; Valavanis, K. P.: Analytical Design of Intelligent Machines. Automatica Vol. 24 (1988) 2, S. 123-133.

Scheller 1991
> Scheller, J.: Modellierung und Einsatz von Softwaresystemen für rechnergeführte Montagezellen. München: Hanser 1991. (Ferti-gungstechnik-Erlangen 18)

Schmidt 1987
> Schmidt, G.: Grundlagen der Regelungstechnik: Analyse und Entwurf linearer und einfacher nichtlinearer Regelungen sowie diskreter Steuerungen. 2. Aufl. Berlin: Springer 1987.

Schmidt 1991
> Schmidt, G.: Towards Integration of Autonomous Subsystems or

Assembly and Mobility into Flexible Manufacturing. In: Schmidt, G.
(Hrsg.): Information Processing in Autonomous Mobile Robots. Berlin:
Springer 1991, S. 3-20.

Schönecker 1992

Schönecker, W.: Integrierte Diagnose in Produktionszellen. Berlin:
Springer 1992. (iwb Forschungsberichte 45)

Schraft 1994

Schraft, R.D.: Vom Industrieroboter zum Serviceroboter -
Einsatzbereiche und Potentiale. In: FTK '94 - Fertigungstechnisches
Kolloquium, Stuttgart. Berlin: Springer 1994, S. 336-340.

Seidel u. a. 1994

Seidel, D. u. a.: HMS - Strategies, Vol.0. In: IMS - Holonic
Manufacturing Systems: System Components of Autonomous Modules
and their Distributed Control. Hannover: IFW/University of Hannover
1994.

Seifert 1992

Seifert, H.: Modellgestützte Diagnose komplexer Produktionssysteme.
Ein Beitrag zur Erhöhung der Verfügbarkeit kapitalintensiver
Fertigungsanlagen. Bochum: 1992. (Schriftenreihe des Lehrstuhls für
Produktionssysteme und Prozeßleittechnik 91.2)

Simon 1995

Simon, D.: Zielgrößenorientierung und Störungsmanagement - Bausteine
einer Fertigungsregelung. Berlin: Springer 1995. (iwb
Forschungsberichte 86)

Smith 1980

Smith, R. G.: The Contract Net Protocol: High-Level Communication
and Control in a Distributed Problem Solver. In: IEEE Transaction on
Computers. Vol. C-29 (1980) 12, S. 1104-1113.

Sommer 1992

Sommer, E.: Multiprozessorsteuerung für kooperierende Industrieroboter
in Montagezellen. München: Hanser 1992. (Fertigungstechnik-Erlangen
21)

Spath u. a. 1994

Spath, D.; Andres, J.; Bock, T.; Steffani, H. F.: Flexible Automatisierung
im Mauerwerksbau. In: Levi, P.; Bräunl, T. (Hrsg.): Autonome Mobile
Systeme 1994 - 10. Fachgespräch. Berlin: Springer 1994, S. 306-315.

Spur & Timm 1992

Spur, G.; Timm, J.: Realisierung eines gesamtsystemorientierten
Steuerungskonzepts. In: Pritschow, G.; Spur, G.; Weck, M. (Hrsg.):

Maschinennahe Steuerungstechnik in der Fertigung. München: Hanser 1992, S. 201-228.

Stetter 1994

Stetter, R.: Rechnergestützte Simulationswerkzeuge zur Effizienz-steigerung des Industrieroboteinsatzes. Berlin: Springer 1994. (iwb Forschungsberichte 62)

Stettmer 1994

Stettmer, J.: Sensorgestützte Kollisionsvermeidung bei Industrierobotern. Aachen: Shaker 1994. (WZL/IPT Berichte aus der Produktionstechnik 23/94)

Stolp 1991

Stolp, W.: Expertensystemunterstützte Simulation und Generierung von Steuersoftware für Flexible Fertigungssysteme. wt Werkstattstechnik 81 (1991) 1, S. 45-48.

Tigli u. a. 1993

Tigli, J. Y. u. a.: Toward a new Intelligent Reactive Controller for autonomous Mobile Robots. In: International Conference on Robotics and Automation 1993, Atlanta. New York: IEEE 1993, S. 249-254.

Tönshoff u. a. 1990

Tönshoff, H. K.; Janocha, H.; Seidel, D.; Roethel, J.: Maschinenüberwachung und Diagnose - Ein neuer Ansatz. Industrie-Anzeiger (1990) 8, S. 30-32.

Tönshoff u. a. 1993

Tönshoff, H. K.; Aurich, J. C.; Hamelmann, S.: Formale Element-beschreibung für Konstruktion und Arbeitsplanung. VDI-Z 135 (1993) 11/12, S. 113-116.

Tönshoff u. a. 1995

Tönshoff, H. K.; Aurich, J. C.; Winkler, M. S.: On The Way To Autonomous And Cooperative Manufacturing Systems. In: The First World Congress On Intelligent Manufacturing - Processes & Systems, Mayaguez (Puerto Rico). Manuskript 1995.

Viggh 1990

Viggh, H. E. M.: A Subsumption Architecture Contol System for Space Proximity Maneuvering. SPIE - Cooperative Intelligent Robotics in Space Vol. 1387 (1990), S. 202-214.

Vossloh 1988

Vossloh, M.: Modellgestützte Früherkennung und wissensgestützte Diagnose von Fehlern an Werkzeugmaschinen, beispielhaft dargestellt an Drehmaschinen. München: Hanser 1988. (Darmstädter Forschungsberichte für Konstruktion und Fertigung, Nr. 17)

Watzke 1994

Watzke, R.: Werkzeuge berührungslos konstant überwachen. Werkstatt und Betrieb 127 (1994) 1-2, S. 64-65.

Weck 1989

Weck, M.: Werkzeugmaschinen. Band 3 - Automatisierung und Steuerungstechnik. 3. Aufl. Düsseldorf: VDI-Verlag 1989.

Weck & Fauser 1993

Weck, M.; Fauser, M.: Überwachung und Wiederanlauf von Bearbeitungsprozessen. In: Pritschow, G. (Hrsg.) u. a.: Tendenzen in der NC-Steuerungstechnik. München: Hanser 1993, S. 129-145.

Weck & Hummels 1993

Weck, M.; Hummels, M.: Ansätze zur Wiederanlauf-Unterstützung in Fertigungsumgebungen. In: Pritschow, G. (Hrsg.) u. a.: Tendenzen in der NC-Steuerungstechnik. München: Hanser 1993, S. 159-174.

Weck u. a. 1993

Weck, M.; Kohring, A.; Klein, F.: Offene NC-Systeme, Grundlage herstellerunabhängiger Flexibilität. VDI-Z 135 (1993) 5, S.51-55.

Westerbusch 1994

Westerbusch, R.: Entwicklung eines lernfähigen transputergestützten Werkzeugmaschinendiagnosesystems. Essen: Vulkan 1994. (Schriftenreihe des IWF)

Westkämper 1993

Westkämper, E.: "Intelligente" Werkzeugmaschinen für die Produktion 2000. VDI-Z 135 (1993) 9, S. 14-18.

Willeke 1992

Willeke, S.: Arbeitssicherheit vor neuen Problemen. Es fehlt der Schutz vor Streß. Vernetzte Technik führt zu neuen Belastungen. VDI-Nachrichten 46 (1992) 36, S. 11.

Witte 1990

Witte, K.-W.: Produktion in autonomen Betriebsbereichen - Chancen durch neue Organisations- und Steuerungsprinzipien. Düsseldorf: VDI-Verlag 1990. S. 187-210. (VDI Berichte Nr. 830)

Yavnai 1989

Yavnai, A.: Criteria of System Autonomability. In: Kanade, T.; Groen, F. C. A.; Hertzberger, L. O. (Hrsg.): Intelligent Autonomous Systems 2, Amsterdam. Amsterdam: Strichting International Congress of IAS 1989, S. 448-458.

Zeigler 1989

Zeigler, B. P.: DEVS Representation of Dynamical Systems: Event-

Based Intelligent Control. Proceedings of the IEEE 77 (1989) 1, S. 72-80.

Zimmermann 1991

Zimmermann, H.: Fuzzy Set Theory - and Its Application. 2. Aufl. Boston: Kluwer 1991.

iwb Forschungsberichte

Berichte aus dem Institut für Werkzeugmaschinen und Betriebswissenschaften
der Technischen Universität München

Herausgeber: Prof. Dr.-Ing. J. Milberg und Prof. Dr.-Ing. G. Reinhart

---

1 **Streifinger, E.**
Beitrag zur Sicherung der Zuverlässigkeit und Verfügbarkeit
moderner Fertigungsmittel
1986. 72 Abb. 167 Seiten, ISBN 3-540-16391-3   68,- DM

2 **Fuchsberger, A.**
Untersuchung der spanenden Bearbeitung von Knochen
1986. 90 Abb. 175 Seiten, ISBN 3-540-16392-1   68,- DM

3 **Maier, C.**
Montageautomatisierung am Beispiel des Schraubens mit
Industrierobotern
1986. 77 Abb. 144 Seiten, ISBN 3-540-16393-X   68,- DM

4 **Summer, H.**
Modell zur Berechnung verzweigter Antriebsstrukturen
1986. 74 Abb. 197 Seiten, ISBN 3-540-16394-8   68,- DM

5 **Simon, W.**
Elektrische Vorschubantriebe an NC-Systemen
1986. 141 Abb. 198 Seiten, ISBN 3-540-16693-9   68,- DM

6 **Büchs, S.**
Analytische Untersuchungen zur Technologie der Kugelbearbeitung
1986. 74 Abb. 173 Seiten, ISBN 3-540-16694-7   68,- DM

7 **Hunzinger, I.**
Schneiderodierte Oberflächen
1986. 79 Abb. 162 Seiten, ISBN 3-540-16695-5   68,- DM

8 **Pilland, U.**
Echtzeit-Kollisionsschutz an NC-Drehmaschinen
1986. 54 Abb. 127 Seiten, ISBN 3-540-17274-2   68,- DM

9 **Barthelmeß, P.**
Montagegerechtes Konstruieren durch die Integration
von Produkt- und Montageprozeßgestaltung
1987. 70 Abb. 144 Seiten, ISBN 3-540-18120-2   68,- DM

10 **Reithofer, N.**
Nutzungssicherung von flexibel automatisierten Produktionsanlagen
1987. 84 Abb. 176 Seiten, ISBN 3-540-18440-6   68,- DM

11 **Diess, H.**
Rechnerunterstützte Entwicklung flexibel automatisierter
Montageprozesse
1988. 56 Abb. 144 Seiten, ISBN 3-540-18799-5   73,- DM

12 Reinhart, G.
Flexible Automatisierung der Konstruktion
und Fertigung elektrischer Leitungssätze
1988, 112 Abb. 197 Seiten, ISBN 3-540-19003-1   73,- DM

13 Bürstner, H.
Investitionsentscheidung in der rechnerintegrierten Produktion
1988, 77Abb. 190 Seiten, ISBN 3-540-19099-6   73,- DM

14 Groha, A.
Universelles Zellenrechnerkonzept für flexible Fertigungssysteme
1988, 74 Abb. 153 Seiten, ISBN 3-540-19182-8   73,- DM

15 Riese, K.
Klipsmontage mit Industrierobotern
1988, 92 Abb. 150 Seiten, ISBN 3-540-19183-6   73,- DM

16 Lutz, P.
Leitsysteme für rechnerintegrierte Auftragsabwicklung
1988, 44 Abb. 144 Seiten, ISBN 3-540-19260-3   73,- DM

17 Klippel, C.
Mobiler Roboter im Materialfluß eines flexiblen Fertigungssystems
1988, 86 Abb. 164 Seiten, ISBN 3-540-50468-0   73,- DM

18 Rascher, R.
Experimentelle Untersuchungen zur Technologie der Kugelherstellung
1989, 110 Abb. 200 Seiten, ISBN 3-540-51301-9   73,- DM

19 Heusler, H.-J.
Rechnerunterstützte Planung flexibler Montagesysteme
1989, 43 Abb. 154 Seiten, ISBN 3-540-51723-5   73,- DM

20 Kirchknopf, P.
Ermittlung modaler Parameter aus Übertragungsfrequenzgängen
1989, 57 Abb. 157 Seiten, ISBN 3-540-51724   73,- DM

21 Sauerer, Ch.
Beitrag für ein Zerspanprozeßmodell Metallbandsägen
1990, 89 Abb. 166 Seiten, ISBN 3-540-51868-1   78,- DM

22 Karstedt, K.
Positionsbestimmung von Objekten in der Montage-
und Fertigungsautomatisierung
1990, 92 Abb. 157 Seiten, ISBN 3-540-51879-7   78,- DM

23 Peiker, St.
Entwicklung eines integrierten NC-Planungssystems
1990, 66 Abb. 180 Seiten, ISBN 3-540-51880-0   78,- DM

24 Schugmann, R.
Nachgiebige Werkzeugaufhängungen für die automatische Montage
1990. 71 Abb. 155 Seiren, ISBN 3-540-52138-0   78,- DM

25 Wrba, P
Simulation als Werkzeug in der Handhabungstechnik
1990, 125 Abb., 178 Seiten, ISBN 3-540-52231-X   78,- DM

26 Eibelshäuser, P.
Rechnerunterstützte experimentelle Modalanalyse
mitells gestufter Sinusanregung
1990, 79 Abb., 156 Seiten, ISBN 3-540-52451-7   78,- DM

27 Prasch, J.
Computerunterstützte Planung von chirurgischen Eingriffen
in der Orthopädie
1990, 113 Abb., 164 Seiten, ISBN 3-540-52543-2   78,- DM

28 Teich, K.
Prozeßkommunikation und Rechnerverbund in der Produktion
1990, 52 Abb., 158 Seiten, ISBN 3-540-52764-8   78,- DM

29 Pfrang, W.
Rechnergestützte und graphische Planung manueller
und teilautomatisierter Arbeitsplätze
1990, 59 Abb., 153 Seiten, ISBN 3-540-52829-6   78,- DM

30 Tauber, A.
Modellbildung kinematischer Stukturen
als Komponente der Montageplanung
1990, 93 Abb., 190 Seiten, ISBN 3-540-52911-X   78,- DM

31 Jäger, A.
Systematische Planung komplexer Produktionssysteme
1991, 75 Abb., 148 Seiten, ISBN 3-540-53021-5   78,- DM

32 Hartberger, H.
Wissensbasierte Simulation komplexer Produktionssysteme
1991, 58 Abb., 154 Seiten, ISBN 3-540-53326-5   78,- DM

33 Tuczek H.
Inspektion von Karosseriepreßteilen auf Risse und Einschnürungen
mittels Methoden der Bildverarbeitung
1992, 125 Abb., 179 Seiten, ISBN 3-540-53965-4   88,- DM

34 Fischbacher, J.
Planungsstrategien zur strömungstechnischen Optimierung
von Reinraum–Fertigungsgeräten
1991, 60 Abb., 166 Seiten, ISBN 3-540-54027-X   78,- DM

35 Moser, O.
3D–Echtzeitkollisionsschutz für Drehmaschinen
1991, 66 Abb., 177 Seiten, ISBN 3-540-54076-8   78,- DM

36 Naber, H.
Aufbau und Einsatz eines mobilen Roboters mit
unabhängiger Lokomotions- und Manipulationskomponente
1991, 85 Abb., 139 Seiten, ISBN 3-540-54216-7   78,- DM

37 Kupec, Th.
Wissensbasiertes Leitsystem zur Steuerung flexibler Fertigungsanlagen
1991, 68 Abb., 150 Seiten, ISBN 3-540-54260-4   78,- DM

38 Maulhardt, U.
Dynamisches Verhalten von Kreissägen
1991, 109 Abb., 159 Seiten, ISBN 3-540-54365-1   78,- DM

39 Götz, R.
Stukturierte Planung flexibel automatisierter Montagesysteme
für flächige Bauteile
1991, 86 Abb., 201 Seiten, ISBN 3-540-54401-1   78,- DM

40 Koepfer, Th.
3D- grafisch-interaktive Arbeitsplanung - ein Ansatz
zur Aufhebung der Arbeitsteilung
1991, 74 Abb., 126 Seiten, ISBN 3-540-54436-4   78,- DM

41 Schmidt, M.
Konzeption und Einsatzplanung flexibel automatisierter
Montagesysteme
1992, 108 Abb., 168 Seiten, ISBN 3-540-55025-9   88,- DM

42 Burger, C.
Produktionsregelung mit entscheidungsunterstützenden
Informationssystemen
1992, 94 Abb., 186 Seiten, ISBN 5-540- 55187-5   88,- DM

43 Hoßmann, J.
Methodik zur Planung der automatischen Montage von nicht
formstabilen Bauteilen
1992, 73 Abb., 168 Seiten, ISBN 3-540-5520-0   88,- DM

44 Petry, M.
Systematik zur Entwicklung eines modularen Programm-
baukastens für robotergeführte Klebeprozesse
1992, 106 Abb., 139 Seiten ISBN 3-540-55374-6   88,- DM

45 Schönecker, W.
Integrierte Diagnose in Produktionszellen
1992, 87 Abb., 159 Seiten, ISBN 3-540-55375-4   88,- DM

46 Bick, W.
Systematische Planung hybrider Montagesyste unter
Berücksichtigung der Ermittlung des optimalen Automatisierungsgrades
1992, 70 Abb., 156 Seiten ISBN 3-540-55377-0   88,- DM

47 Gebauer, L.
Prozeßuntersuchungen zur automatisierten Montage
von optischen Linsen
1992, 84 Abb., 150 Seiten, ISBN 3-540- 55378-9   88,- DM

48 Schrüfer, N.
Erstellung eines 3D-Simulationssystems zur Reduzierung
von Rüstzeiten bei der NC-Bearbeitung
1992, 103 Abb., 161 Seiten, ISBN 3-540-55431-9   88,- DM

49 Wisbacher, J.
Methoden zur rationellen Automatisierung der Montage
von Schnellbefestigungselementen
1992, 77 Abb., 176 Seiten, ISBN 3-540-55512-9   88,- DM

50 Garnich. F.
Laserbearbeitung mit Robotern
1992, 110 Abb., 184 Seiten, ISBN 3-540- 55513-7   88,- DM

51 Eubert, P.
Digitale Zustandsregelung elektrischer Vorschubantriebe
1992, 89 Abb., 159 Seiten, ISBN 3-540-44441-2   88,- DM

52 Glaas, W.
Rechnerintegrierte Kabelsatzfertigung
1992, 67 Abb., 140 Seiten, ISBN 3-540-55749-0   88,- DM

53 Helml, H.J.
Ein Verfahren zur on-line Fehlererkennung und Diagnose
1992, 60 Abb., 153 Seiten, ISBN 3-540-55750-4   88,- DM

54 Lang, Ch.
Wissensbasierte Unterstützung der Verfügbarkeitsplanung
1992, 75 Abb., 150 Seiten, ISBN 3-540-55751-2   88,- DM

55 Schuster, G.
Rechnergestütztes Planungssystem für die flexibel
automatisierte Montage
1992, 67 Abb., 135 Seiten, ISBN 3-540-55830-6   88,- DM

56 Bomm, H.
Ein Ziel- und Kennzahlensystem zum Investitionscontrolling
komplexer Produktionssysteme
1992, 87 Abb., 195 Seiten, ISBN 3-540-55964-7   88,- DM

57 Wendt, A.
Qualitätssicherung in flexibel automatisierten Montagesystemen
1992, 74 Abb., 179 Seiten, ISBN 3-540-56044-0   88,- DM

58 Hansmaier, H.
Rechnergestütztes Verfahren zur Geräuschminderung
1993, 67 Abb., 156 Seiten, ISBN 3-540-56043-2   88,- DM

59 Dilling, U.
Planung von Fertigungssystemen unterstützt
durch Wirtschaftlichkeitssimulation
1993, 72 Abb., 146 Seiten, ISBN 3-540-56307-5   88,- DM

60 Strohmayr, R.
Rechnergestützte Auswahl und Konfiguration
von Zubringeeinrichtungen
1993, 80 Abb., 152 Seiten, ISBN 3-540-56652-X   88,- DM

61 Glas, J.
Standardisierter Aufbau anwendungsspezifischer
Zellenrechnersoftware
1993, 80 Abb., 145 Seiten, ISBN 3-540-56890-5   88,- DM

62 Stetter, R.
Rechnergestützte Simulationswerkzeuge zur
Effizienzsteigerung des Industrieroboteinsatzes
1994, 91 Abb., 146 Seiten, ISBN 3-540-568891   88,- DM

63 Dirndorfer, A.
Robotersysteme zur förderbandsynchronen Montage
1993, 76 Abb, 144 Seiten, ISBN 3-540-57031-4   88,- DM

64 Wiedemann, M.
Simulation des Schwingungsverhaltens spanender Werkzeugmaschinen
1993, 81 Abb., 137 Seiten, ISBN 3-540-57177-9   88,- DM

65 **Woenckhaus, Ch.**
Rechnergestütztes System zur automatisierten 3D-Layoutoptimierung
1994, 81 Abb., 140 Seiten,ISBN 3540-57284-8   88,- DM

66 **Kummetsteiner, G.**
3D-Bewegungssimulation als integratives Hilfsmittel zur Planung
manueller Montagesysteme
1994, 62 Abb.; 146 Seiten, ISBN 3-540-57535-9   88,- DM

67 **Kugelmann, F.**
Einsatz nachgiebiger Elemente zur wirtschaftlichen Automatisierung
von Produktionssystemen
1993, 76 Abb., 144 Seiten, ISBN 3-540-57549-9   88,- DM

68 **Schwarz, H.**
Simulationsgestützte CAD/CAM-Kopplung für die 3D-Laserbearbeitung
mit integrierter Sensorik
1994, 96 Abb., 148 Seiten, ISBN 3-540-57577-4   88,- DM

69 **Viethen, U.**
Systematik zum Prüfen in Flexiblen Fertigungssytemen
1994, 70 Abb., 142 Seiten, ISBN 3-540-57794-7   88,- DM

70 **Seehuber, M.**
Automatische Inbetriebnahme geschwindigkeitsadaptiver Zustandsregler
1994, 72 Abb., 155 Seiten, ISBN 3-540-57896-X   88,- DM

71 **Amann, W.**
Eine Simulationsumgebung für Planung und Betrieb
von Produktionssystemen
1994, 71 Abb., 129 Seiten, ISBN 3-540-57924-9   88,- DM

73 **Welling, A.**
Effizienter Einsatz bildgebender Sensoren zur Flexibilisierung
automatisierter Handhabungsvorgänge
1994, 66 Abb., 139 Seiten, ISBN 3-540-580-0   88,— DM

74 **Zetlmayer, H,**
Verfahren zur simulationsgestützen Produktionsregelung
in der Einzel- und Kleinserienproduktion
1994, 62 Abb., 143 Seiten, ISBN 3-540-58134-0   88,- DM

75 **Lindl, M.**
Auftragsleittechnik für Konstruktion und Arbeitsplanung
1994, 66 Abb,. 147 Seiten, ISBN 3-540-58221-5   88,- DM

76 **Zipper, B.**
Das integrierte Betriebsmittelwesen – Baustein einer flexiblen Fertigung
1994, 64 Abb., 147 Seiten, ISBN 3-540-58222-3   88,— DM

77 **Raith, P.**
Programmierung und Simulation von Zellenabläufen
in der Arbeitsvorbereitung
1995, 51 Abb., 130 Seiten, ISBN 3-540-58223-1   88,- DM

78 **Engel, A.**
Strömungstechnische Optimierung von Produktionssystemen
durch Simulation
1994, 69 Abb., 160 Seiten, ISBN 3-540-58258-4   88,— DM

79 Zäh, M. F.
Dynamisches Prozeßmodell Kreissägen
1995, 95 Abb., 186 Seiten, ISBN 3-540-58624-5   88,– DM

80 Zwanzer, N.
Technologisches Prozeßmodell für die Kugelschleifbearbeitung
1995, 65 Abb., 150 Seiten, ISBN 3-540-58634-2   88,– DM

81 Romanow, P.
Konstruktionsbegleitende Kalkulation von Werkzeugmaschinen
1995, 66 Abb., 151 Seiten, ISBN 3-540-58771-3   88,– DM

82 Kahlenberg, R.
Integrierte Qualitätssicherung in flexiblen Fertigungszellen
1995, 71 Abb., 136 Seiten, ISBN 3-540-58772-1   88,– DM

83 Huber, A.
Arbeitsfolgenplannung mehrstufiger Prozesse in der Hartbearbeitung
1995, 87 Abb., 152 Seiten, ISBN 3-540-58773-X   88,– DM

84 Birkel, G.
Aufwandsminimierter Wissenserwerb für die Diagnose
in flexiblen Produktionszellen
1995, 64 Abb., 137 Seiten, ISBN 3-540-58869-8   88,– DM

85 Simon, D.
Fertigungsregelung durch zielgrößenorientierte Planung und
logistisches Störungsmanagment
1995, 77 Abb., 132 Seiten, ISBN 3-540-58942-2   88,– DM

86 Nedeljkovic-Groha, V.
Systematische Planung anwendungsspezifischer Materialflußsteuerungen
1995, 94 Abb., 188 Seiten, ISBN 3-540-58953-8   88,– DM

87 Rockland, M.
Flexibilisierung der automatischen Teilebereitstellung in Montageanlagen
1995, 83 Abb., 151 Seiten, ISBN 3-540-58999-6   88,– DM

88 Linner, St.
Konzept einer integrierten Produktentwicklung
1995, 67 Abb., 168 Seiten, ISBN 3-540-59016-1   88,– DM

89 Eder, Th.
Integrierte Planung von Informationssystemen für rechnergestützte
Produktionssysteme
1995, 62 Abb., 150 Seiten, ISBN 3-540-59084-6   88,– DM

90 Deutschle, U.
Prozeßorientierte Organisation der Auftragsentwicklung in mittelständischen
Unternehmen
1995, 80 Abb., 188 Seiten, ISBN 3-540-59337-3   88,– DM

91 Dieterle, A.
Recyclingintegrierte Produktentwicklung
1995, 68 Abb., 146 Seiten, ISBN 3-540-60120-1   88,– DM

92 Hechl, Ch.
Personalorientierte Montageplanung für komplexe
und variantenreich Produkte
1995, 73 Abb., 158 Seiten, ISBN 3-540-60325-5   88,– DM

93 Albertz, F.
Dynamikgerechter Entwurf von Werkzeugmaschinen -
Gestellstukturen
1995, 83 Abb., 156 Seiten, ISBN 3-540-60606-8   88,- DM

94 Trunzer, W.
Strategien zur On-Line Bahnplanung bei Robotern
mit 3D-Konturfolgesensoren
1996, 101 Abb., 164 Seiten, ISBN 3-540-60961-X   88,- DM

95 Fichtmüller, N.
Rationalisierung durch flexible, hybride Montagesysteme
1996, 83 Abb., 145 Seiten, ISBN 3-540-60960-1   88,- DM

96 Trucks, V.
Rechnergestütze Beurteilung von Getriebestrukturen
in Werkzeugmaschinen
1996, 64 Abb., 141 Seiten, ISBN 3-540-60599-8   88,- DM

97 Schäffer, G.
Systematische Integration adaptiver Produktionssysteme
1996, 71 Abb., 170 Seiten, ISBN 3-540-60958-X   88,- DM

98 Koch, M. R.
Autonome Fertigungszellen - Gestaltung, Steuerung und
integrierte Störungsbehandlung
1996, 67 Abb., 138 Seiten, ISBN 3-540-61104-5   88,- DM

99 Moctezuma de la Barrera, J. L.
Ein durchgängiges System zur computer- und
robotreunterstützten Chirurgie
1996, 99 Abb., 175 Seiten, ISBN 3-540-61145-2   88,- DM

Die Bände sind im Erscheinungsjahr und in den folgenden drei Kalenderjahren
zu beziehen durch den örtlichen Buchhandel
oder durch Lange & Springer, Otto-Suhr-Allee 26-28, 10585 Berlin